这些都不懂，还敢拼职场

胡以贵 著

煤炭工业出版社

· 北 京 ·

图书在版编目（CIP）数据

这些都不懂，还敢拼职场／胡以贵著．－－北京：煤炭工业出版社，2015（2022.11 重印）

ISBN 978－7－5020－5001－6

Ⅰ．①这…　Ⅱ．①胡…　Ⅲ．①成功心理—通俗读物　Ⅳ．①B848．4－49

中国版本图书馆 CIP 数据核字(2015)第 222605 号

这些都不懂，还敢拼职场

著　　者　胡以贵
责任编辑　刘新建
特约编辑　郭浩亮　曹刘霞
特约监制　朱文平
封面设计　@嫁衣工舍

出版发行　煤炭工业出版社（北京市朝阳区芍药居 35 号　100029）
电　　话　010－84657898（总编室）
　　　　　　010－64018321（发行部）　010－84657880（读者服务部）
电子信箱　cciph612@126．com
网　　址　www．cciph．com．cn
印　　刷　三河市金泰源印务有限公司
经　　销　全国新华书店

开　　本　710mm×1000mm 1/16　**印张**　14　**字数**　150 千字
版　　次　2015 年 12 月第 1 版　2022 年 11 月第 3 次印刷
社内编号　7847　　**定价**　36．80 元

前言

职场如战场。想在职场上混出个样子，不是一件容易的事。

每个人在步入职场之后，都要面对自己的菜鸟季。

职场不是学校，有老师苦口婆心劝你上进；职场也不是家庭，有父母望子成龙、望女成凤。

职场，并不是只要自己把活干好就行的一意孤行；职场，也不是自己想干好就能干好的一厢情愿。

职场，要精诚合作，毕竟独木难成林；职场，充满竞争，甚至遵循残酷的丛林法则。

从普通员工，到优秀员工，从优秀员工，到部门领导，是努力工作的结果，也是一路拼杀的结果。

很多人发现，步入职场，才是学习的真正开始。在学校，更多的是智商的比拼，而在职场，更多是情商的比拼。这个转换，让原先的优秀可能一下子成了落后，这个落差，会让很多人失去对未来的信心。

笔者见识过无数刚毕业的学生，一腔热情地投入职场，刚开始的时候，斗志昂扬，几个回合下来，就灰头土脸，他们败得很惨，可悲的是他们自己都不知道为什么失败。

各种把幼稚当天真，把知识当能力，善于指点江山，却无半分工作能力，是造成这种窘境的根本原因。

一个合格的员工，是需要经过学习和锻炼的。

职场，需要人与人的相处，职场，处处存在竞争。一个人要在职场中生存，就要学会生存之道，应该学会：如何与同事相处；如何与上级相处；如何与下级相处。

职场，有各种困难需要去想办法，有各种问题需要去解决。

职场，需要合作，合作就要有合作的姿态；职场，需要竞争，竞争就要有竞争的方法；职场，需要管理，管理更要有管理的手段。

或许，很多人对这些方法与手段嗤之以鼻，以置身事外的姿态让自己免俗，但社会有社会的原则，职场有职场的规则，即便我们才高八斗，我们在这个社会中生存，就不能免俗。我们如果不能改变规则，就要改变自己让自己适应规则。

在这个社会中，进步最快的，总是那些尽快从规则中学习的人；被淘汰的，总是那些既不能改变周围环境，又不愿改变自己的人。社会永远这样世俗，过去如此，将来也会如此，对别人如此，对自己也是如此。

笔者结合自身职场经历，从身边见到的人和他们做过的事出发，从如何说话、如何做事，到与领导相处和与同事相处，阐述一个菜鸟如何尽快成熟的方法。

笔者结合自己从员工到高管的经验，从管理方法到解决问题的途径，阐述一个管理者正确的管理之道。

职场是我们生活的主场，你不得不给予重视。

人在职场，不得不面对各种困境，本书为你提供职场中各种困难的解决之道。

目录

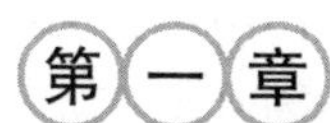

先理解工作，再参加工作

第二章

如何与领导相处

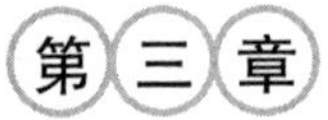

第三章 有方法，没困难

会方法的人才会工作

第五章

品质是最稳妥的保障

第六章

能办事的人会说话

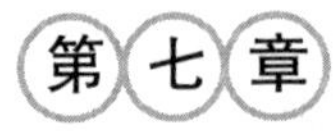

树立自身好形象

第八章

有缺点，就要改正

第九章

不伤害别人，更不要被人伤害

第十章 必须杜绝的职场幼稚病

第十一章 职场也有常见病

第十二章

学会与人相处，是职场永恒的话题

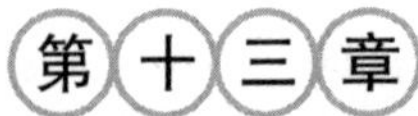

职场有职场的法则

第一章

先理解工作，再参加工作

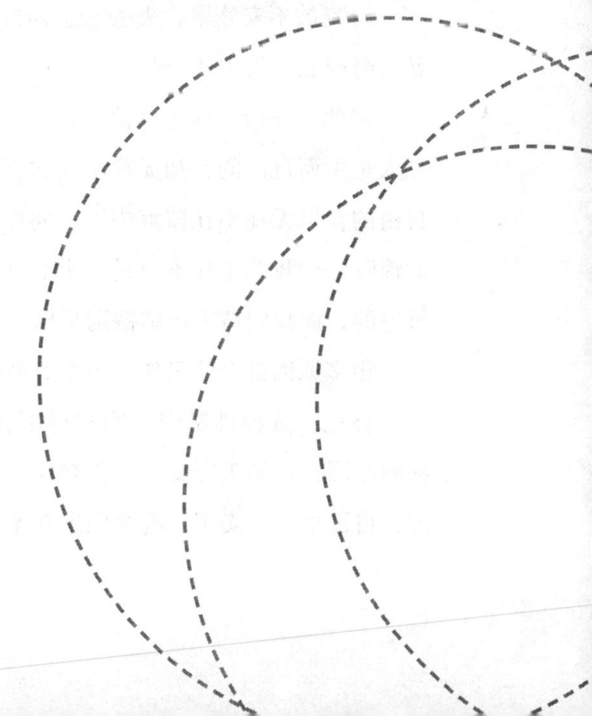

工作不是“入狱”

监狱是这样来惩罚犯人的：第一，在未宣判之前，给人一个未知的未来，而且注定不好，却不知道怎么不好，也就是一个只知道存在，却不知道在哪里存在，什么时候来临的危险来折磨人。第二，禁锢。在监狱里，就是永远的不准、不准、不准……也就是所谓让犯人失去了自由。失去自由意味着被剥夺了权利而只有责任，如果再上升一点，失去自由就意味着被剥夺了个人存在的基本特征——个人意志。第三，日复一日地让犯人重复那些在个人来看没有意义，没有创造力，只有艰辛付出的劳动。第四，让个人脱离社会，把其剥离于社会进程之外，让人不再有理想，不再有自己私人的财产，与亲人隔离，脱离家庭，不再能体会到亲情，失去正常的家庭生活。

时刻被不安笼罩，失去意志和自由，失去权利却要承担责任。甚至失去私人财产和个人生活。

如此一分析，这种生活既触目惊心，却又似曾相识。卢梭有一句名言：“人是生而自由的，却无往不在枷锁之中。”如果改动一下——“人是生而自由的，但无往不在监狱中”，同样贴切。很多人还会在第一时间发出这样的惊叹：“我的工作不就是一个监狱吗？”不同的是，犯人进监狱是被动和被迫的，而我们被工作禁锢则是出于“自投罗网”。

很多原因都会让工作一不小心就成了监狱。

首先，选择性错误。明知道不喜欢、不擅长某项工作，但由于各种各样的原因，比如工资高、工作轻松、公司体面等，还是选择了它。后来却发现，自己把自己卖了。有个朋友在辛辛苦苦考上公务员之后，就曾经对周围的人抱怨：“一个人被剥夺了个性和自由之后，除了比在监狱体面之外，其他很多方面跟蹲监狱如此类似。”

其次，心态性错误。并不是所有的工作环境都会造成监狱的感受，之所以把工作体验成监狱，还是一个心态的问题。患得患失导致自己对未来的焦虑；不能自律导致处处被限制和惩罚；不能全心全意地工作导致被强迫劳动；没有追求的韧性导致理想破灭；自私、懒惰等性格缺陷都会导致与团队的分离。

想要在工作中避开“监狱感”，也不是很难。《滕王阁序》中提到：“酌贪泉而觉爽，处涸辙以犹欢。”一个灵魂自由的人，即便在监狱当中也是自由的；一个灵魂不自由的人，无论身处何地都是被禁锢的。如果每次去单位之前都有一种即将入狱的恐惧，这时就应该考虑，要么换一份工作，要么逼着自己改变一下心态了。

低起点工作不是坏事

一个朋友想换工作，打电话过来咨询我的意见。我问他为什么要换工作，他说自己在一家小公司，管得太严，什么事都干，太累，所以想换一家大公司。

每个人在找工作的时候，可能都会遇到“是找一家稳定的大公司，还是一家有前途的小公司”这样的纠结。大公司有大公司的优势，小公司有小公司的好处。

当然，大多数人还是会中意于大公司的稳定和体面。但终究自己适合大公司还是小公司，得根据自己未来发展的需要，在心里要有明确的标准。

职业是自我完善的途径，所以，一家公司是否适合自己，是否能实现自我完善，就是一个非常重要的参考标准了。大公司和小公司在对人的培养方面，是不一样的。

公司在用人的时候，首先要根据员工的经验和员工的长处做出安排，用人要用人的长处。但从培养人的角度，则要全面发展了。想要一个员工做到全面发展，不仅要用其长处，还要从其短处下手，必要时，甚至可以安排其去做最不擅长的工作。比如，一个人擅长做策划，不擅长做业务，从培养的角度倒是可以让其接触一下，或者直接做一段时间的业务工作。每个人都有长处，当然也都有短处，发挥长处很关键，但弥补短处，对一个人的整体素质提高至关重要。

之所以要谈到公司的用人思路，是因为大公司和小公司在这两方面是不同的。小公司由于人员有限，或者出于未来发展的考虑，比较注重对员工的培养，会让每个员工有机会在不同的岗位上任职，甚至同时身兼多职。大公司则不同，大公司专业分工较细，通常一个萝卜一个坑，一个人很少有横向发展的机会。

在工作上，先选择一家小公司，低起点并非就是一件坏事。在找工作的时候，最容易犯的毛病就是好大喜功。好像只要选择了，一辈子就“耗”在那里了。当然，从第一份工作开始，人就需要有自己的职业规划，有自己的职业目标，并向着这个目标不断努力。但这职业目标不可能会一步到位，这时就要学会“曲线救国”。

如果对一个人的职业生涯做一个长远规划，这个规划有一个最终的目标，在到达之前，有很长的路需要走，每一步，都要精心准备，细心筹划。对这段路要进行分解，分解成多个阶段，在自己的职业生涯中不疾不徐、胸有成竹地去逐步实现。

在一家大公司，要做到管理层很难，但在一家小公司，做到管理层却相对容易。如果要迅速积累自己的管理经验，去大公司自然就不如去小公司有利。而小公司自然没有大公司发展空间大，如果个人发展需要更大的空间，那就需要跳到一家大公司。磨刀不误砍柴工，经验的积累、社会的了解、各行业知识的学习甚至必要的挫折，都是一个人成长所必须的。很多年轻人都会抱怨："我已经不年轻了，再不抓紧就来不及了。"其实，如果准备不好，什么都来不及，只要准备好了，一切都还来得及。

只有能否满足自己需要的公司，没有好的和坏的公司

我们想要在工作中获得什么？是金钱、资历、名声？或是其他？但不论是什么，都得有个标准，这个标准就是自己的需要。只有明确了需要，才能进行好坏的评价。

找一个好公司的目的是什么呢？同样是满足自己的某种需要。所以，找工作最基本的标准应该是根据自己的需要，根据自己的职业规划去找。

所以，对个人的工作来讲，只有能否满足自己需要的公司，而没有好的和坏的公司。

看似只是逻辑上的一点次序变化，但真正放在现实中，对工作和生活的影响却非常大。

说起当前的工作，总有一种食之无味，弃之可惜的感觉。当前的工作状态，只能用无所事事地打发时间来形容。但为什么不换一份工作呢？因为等下去，公司或许会有好转，自己的各方面可能会有变化，或者老板已经有明确的承诺或模糊的暗示，公司会有大的发展，但公司的发展是否惠及个人，是否能顺带满足自己个人职业需要，则是未知的了。于是，一切的不满和期待就都转嫁到了公司头上，为公司的各种问题顿足捶胸，对于自己的前途却含含混混。

如此状态，如此想法，其实是出于对公司与自己关系的误解。

之所以出现这种情况，有这么两个原因：第一，员工确实以公司为家，处处为公司着想；第二，把自己的落后归咎于公司，因为公司发展不如意，所以，自己的职业目标和个人发展没有实现。

在正常的情况下，不管从公司的发展还是员工个人的利益来讲，一个员工，首先应该是为自己负责。从公司分工上来讲，每个员工都有基于公司分工之上的分内的工作，每个人都要为自己的工作负责，而不是为老板负责，因为公司的发展，是老板应该考虑的。一个普通员工或者普通管理者过多地考虑公司的长远发展，不管对自己还是对公司来讲，都不是一件幸事。维护公司的利益，首先是要做好自己分内的工作，顺便维护自己的利益。

现实也说明这样一个问题：如果一家公司内部，普通员工整天讨论公司的发展大计，那么这个公司就离破产不远了。一只燕子形不成一个春天，一个员工同样也无法代表一家公司。一个没有改变天下的能力和权力的人，心怀天下，只能造成个人的悲剧，其也没有必要以天下为己任，独善其身就够了。同样，一个没有相应的能力与权力的员工，在公司内，首先做到的应该是独善其身，而不是对公司的发展说三道四。

对别人指责是简单的，对自己“下刀”却是痛苦的。对公司说三道四是简单的，分析自己的弱点和缺陷却总是那样让人头疼。于是乎，对公司的事情，头头是道，对自己的现在和未来，总是一头雾水。

工作不是做慈善，首先要对自己的利益负责。一个不对自己利益负责的员工，不会是一个好员工。

金钱不是身外之物

曹仁超曾经写过一篇文章《身家一亿最自卑》，文章中他回忆起当年跟香港女首富龚如心来往时，常听她哭穷，他刚开始的时候以为龚心如在说笑，后来才明白了，他在文章中写道："以1973年香港的生活水平来说，如果你拥有100万元，日常生活已无忧、吃的穿的什么都不缺，还不是感觉自己最富有吗？到阁下赚到1000万元的时候，可以负担得起买钻饰、名表、名车，更可在朋友间炫耀一番，自然感觉最风光。不过，当你赚到2000万元的时候，便可能进而想拥有价值亿元的豪宅、新款的游艇，但身家数千万元实在什么也不够买，感觉穷得要命。到你真正进入上流社会之后，更会发觉在一众千亿富豪面前，身家刚过亿的你，根本连头也抬不起来，自信心直跌谷底。1973年的时候，龚如心的身家约40亿港元，相对于她脑海中想收购牛奶公司的计划等，又真的不大够用。龚如心一生俭朴，可能是因为她真的觉得自己很穷。"

我们当中的大多数人这辈子可能都不会有"最自卑"的资格，但很多人却在朝这个方向不断努力。很多人努力去赚钱，为的就是金钱能让人自信。但通过曹仁超的这篇文章，我们可以明确地得出结论，如果是金钱让你自信的话，那说明你不是真正的富翁。

当自己为赚钱而奔波的时候，没有人会相信："当有了钱之后，却发现钱并不代表什么。"或许，钱跟大多数东西一样，当它缺少的时候才觉得重要，一旦不缺了，也就带不来什么感觉了。又或者，它会在填补一个漏洞的时候，造成更大的空缺。

我们每天都在辛勤地工作，都在努力地生活，但生活跟生活是不一样的，因为每个人的内心并不一样。每个人的生命当中，都有一样让他睡得踏实的东西，在很多人的心目中，这个东西就是金钱。但对有些人来讲，可能不是如此。

在工作的表象背后，如果除了金钱之外真的还另有所图的话，就应该诚实地面对自己的内心，因为金钱并不是在任何时候都重要。

如果一个人有两套以上的房子，那房子基本就在生活需求之外了。但一个房奴或者没有房子的人，房子就是生活需求的重要组成部分了。

如果一个人说钱不是问题，那说明他有钱。一个没钱的人没有资格说钱不是问题。试想，一个连吃饭都无法解决的人，如果告诉你钱不是问题，那要么他对自己不负责任，因为他不想活了。要么是对别人不负责任，因为他只有依靠别人才能活。

我们首先要生存，生存是有内容的，而生存的内容很大一部分是要靠金钱来实现的。既然如此，金钱就不是身外之物。虽然金钱不直接是人的思想，不直接是人的身体的一部分，但金钱却因为其对生活的重要，直接与人的思想和身体关联，因此，在说金钱是身外之物的时候，不可能有那么轻松。

一个人无论何时都不能放弃自己的理想，放弃自己内在的追求，但要说把多大精力放在自己的内在追求上，则要看是否具备外在的条件。

《蜗居》里郭海萍说过一句很现实的话："房子是生活的必需品，而不是装饰品。"把必需品转化为装饰品是一个漫长的过程，很多人终其一生都无法实现这种转变。在无法抛开沉重的现实之前，人还是不要去追求虚无的逍遥。

毕竟不能用“粪土”请人吃饭

招聘时曾经遇到过一个人，非常杰出，但是所要的待遇太高，与公司所能给予的有很大差距。问他为什么要这么高的待遇，他的回答很简单：“其实钱并不是最重要的，但钱代表了公司对自己价值的确认，代表了自己的尊严。”这句话很经典。

在职场上，两个人见面之后要交换名片，而名片上的内容，一般写的是这个人的职位，而那些比较私人的、理想性的东西不可能出现在名片上。并且交往的对象层次甚至吃饭的座次，也是根据这个来确定。

有一次，公司受到邀请参加一个酒会，举办方就再三强调，一定要派经理以上级别的人员参加。并且再三嘱咐，到时一定要带着名片，如果名片与要求不符，他们会拒绝所派人员参加。社会有自己的游戏规则，按自己的规则对人群分类并且对不同的类别给予不同的待遇，个人对此是无可奈何的。

所以， 家公司给自己的职位，不仅代表公司对自己的认可程度，而且这职位也是在社会上对号入座的标准。职位并不是唯一的，但绝不是可有可无的。

一次一个同事跟我谈起来，他必须要找个赚钱的工作了，因为之前他的朋友现在都比他赚得多很多，如果再这样下去，他就无法再与原先的那帮朋友相处了。

如果单纯说金钱，一个人完全可以清高，金钱跟粪土也可以没有差别。但一个人不能喝了咖啡用“粪土”结账，不能用“粪土”请别人到餐馆吃饭，不能用“粪土”给别人包红包。

金钱本身不是门槛，但饭店、商场、会所等，却是有门槛的，这些门槛的设定是以金钱为标准，所谓的品级和档次也需要金钱来堆砌。

受着财力上的限制，于是你有的地方可去，有的地方不能去。逐渐的，在可消费的内容上就有差别了。在高档场所消费的内容和在低档场所消费的内容是不同的。消费的内容反过来虽然不能决定人的内容，但是会影响人的内容。

客观地说，或许有点残酷，一个月薪2K的人，与一个月薪20K的人，绝对不可能平齐的。或许一次两次偶尔的或者有钱人低下身段，或者没钱人咬着槽牙，勉强凑在一起，吃顿饭，喝顿茶，但能谈什么呢？在有钱人和没钱人眼中，这个世界是不一样的。收入是否相近，决定了彼此之间有多少共同语言。

工资不是最重要的，但工资绝对不是不重要的。现实是沉重的，我们在面对沉重的现实时，没有必要清高。

没有兴趣，所有的工作都是苦役

在公交车上，听见两个老人在谈：“很多年轻人羡慕老年人退休之后的清闲生活，其实他们不知道没事可做的苦恼。”

这其实是一个如何给工作在人生中定位的问题：工作并不是可有可无，也不纯粹是赚钱或养家糊口的手段，而是人生存的重要方式和重要内容。

一只狼，在野外生活时，主要的目的就是为了找一个安全的藏身之所，还有生存所必须的食物。有些狼由于各种原因，被关进动物园的笼子里，当然，安全与温饱已经不再是问题，这些狼就类似于被剥夺了工作的权力，当然，它们的生存方式就被改变了。当然，我们很难去确定这种生存方式狼到底是否喜欢，但可以肯定的一点是，生存方式的改变，给任何一个生物都会带来不适。

当然，现在社会上有很多啃老族，还有一些被包养者，他们已经习惯了被圈在笼子里喂养的方式，就像一只从小就被关在笼子里喂养的狼，突然来到野外是不适应的，但并不说明，笼养就是最合适他们的生存方式。

必须承认，像那些被圈养的人，他们也并不是喜欢一种无所事事的生活，他们也是要有事情做的，并且他们也希望能找到喜欢的事情去做。他们这种生存方式作为“人”来讲是不合适的。

或许工作和休闲必须要有适当的交替，不管从心理上还是生理上来讲，这都是必须的，但休闲并不是无所事事，而是从工作的相对不自由中解脱出来，以更大的自由度去做自己喜欢的事，休闲其实还是要做事。

要把闲暇时间过得美好是需要付出艰辛的，任何价值和意义的背后都需要细心的谋划和积极的行动。当自制力还远不够做到自我监督的时候，人性中的懒惰终究会让人宁愿忍受无所事事的空虚和焦躁，也不会逼迫自己深入和谋划生活。

如同一只碗，中间如果没有空隙，碗就没用了。同样，如果为了要空隙来盛东西，而把碗壁做得过薄，这同样也不是一只合格的碗。休闲是虚，虚的意义不在于虚本身，而在于虚之外的实。

工作累的时候，渴望休闲；休闲长了，渴望工作。这是天性使然，两者也并不矛盾，也需要正常的交替。但用一方面否定另一方面，就不合适了。

那些希望用休闲的虚来替代工作的实的人，并不是真的想要休闲，也不是真的需要休闲，只是想暂时逃避生活。工作之所以会让人如此疲累，并不是因为工作真的就是负担，而是因为对工作没有兴趣。一群孩子，夏天的中午可以在操场上玩得满头大汗而不愿回家，但如果罚他们在操场上跑十圈，则是让他们难以接受的惩罚。

如果没有兴趣，不光是工作，所有的行为都是苦役。所以，一个人不应该逃避工作，而是要培养对工作的兴趣。一旦对工作有了兴趣，就会期待着假期快点结束，而不是扳着手指，盼望着假期快些到来。

工作的过程，也是自我整理和完善的过程

工作的重要作用体现在两个方面：自我实现、自我提高。

正确地理解并善待工作，对生活非常重要。工作首先是职业化的过程，职业化的过程也是社会化的过程。

一般通过一个人的言行举止，就可以大致推断出一个人所从事的职业。可见，工作对个人的影响之深。同样年龄的两个人，一个刚参加工作，另一个已经工作了几年，跟他们谈话，很明显就能感觉到工作在人身上留下的痕迹和对人的影响。

工作不仅占据了我们日常生活中的时间和精力，也是每个人与社会相通的重要通道。不同的工作，会指向不同的人群，也会带来不同的生活。曾经跟一个局长聊天，局长深有感触地对我说："你看你们公司这些小伙子，多有精气神，而回去看看我们单位那些年轻人，能力不能说没有，素质不能说不高，但在那样的单位又能做什么，每当看到他们都很痛心，这样好的一些小伙子就这样废了。"

工作的过程，是自我完善的过程，工作的过程，也是自我实现的过程。开始参加工作，一般是正式踏入社会的标志，因为工作跟家庭生活和学习生活是不同的，工作更强调制度和法则，更注重行为的效果考评。工作更强调用一种生硬的外在的目的来促进人能力的发挥和素质的完善提高。

每个人都会经历职场的菜鸟季，而由一个菜鸟成长为职场老手，是需要不断完善自己的，这个过程可能会很残酷。电影《集结号》当中，谷子地安慰王金存时候说："头上飞子弹，裤裆钻炮弹，谁不尿？"职场类似战场，一个左右逢源的职场老油条，也是在“血与火”的洗礼中成长起来的。

而成长，就要把精力放在自己的弱项上，不断地弥补，不断地提高。对工作，要把精力放在自己的强项上，这叫扬长避短。一家公司，能否充分发挥自己的优势，关系到能否在激烈的市场竞争中取胜，而一个员工，能否充分发挥自己的优势，则关系到是否能在职场中取得好的成绩。认识到自己的优势，并把这优势与当前的工作结合，分解并落实为具体的行为，是一个优秀员工必须要做到的。

工作还有一个重要的作用，就是能把一个人的生活理顺。曾经有这样的感觉，一旦放长假，总感觉到自己的生活凌乱而无序。时间的无序能带来一种放松，但长时间的无序则会产生另外一种紧张。人需要的不是放松的生活，而是有序的生活，而生活的有序，首先是事情的有序。当人去做有序的事情的时候，生活自然也会规整地前进。

工作很重要，它能让人迅速地进入社会、融入社会，并有一个平台不断地提高和完善自己。更重要的是，工作以其有序，带动我们凌乱的生活也有序起来。

有成就，不一定有“成就感”

每个人都有自己的价值尺度，而每个人都是用自己的价值尺度来丈量自己的追求。相对于一个人的追求来讲，价值尺度是主观的标准，而主观的标准是在不断变化的。

经常在工作和生活中面临这样的困惑：为什么生活质量不断提高，自己所谓的追求也在不断地实现，但自己所期待的心理上的满足却没有如预期般到来？

是的，客观的外在的生活与工作确实在不断进步，但却不知道，自己内在的价值衡量标准也在不断地变化。甘地曾经说过：“地球能够满足所有人的需要，但不能满足所有人的欲望。”人可以比较容易地预测自己未来在客观上的进步与实现，却很难对自己未来的欲望做出预测。因为未来的欲望水平只有在未来设身处地的时候才能知晓，而欲望水平直接决定着人的价值标准，当现实与衡量现实的尺度都在变化，而且这个尺度无法预测的时候，在当前就做出“如果达到……程度就很好了”的结论是武断的。

一个朋友刚生了儿子，大家都给他祝贺，并问他：“终于心想事成了，很高兴吧？”朋友回答：“没有儿子的时候想要儿子，现在有了，也一般，没有预想中的那种幸福。”比如说，去年的生姜很贵，5块钱一斤，于是很多人都种生姜，今年生姜丰收了，那是否种姜的就发财了呢？不一定，因为今年生姜的价格不一定还是5块钱一斤。如果今年生姜的价格不到1块钱一斤，种姜不仅不会发财，而且还会折本。

理想和现实都是有价格的，理想的价格都会很高，但现实的价格一般会很低。当现实的价格远低于理想价格的时候，现实的价值自然就缩水了。

价值的标准无法准确预计，却也不是无规律可循。价值标准的形成跟付出的努力有关。一个小孩子自己动手，辛辛苦苦制作了一个书架，虽然歪歪扭扭不成样子，但在他的价值评价中，这个书架是否就不如父亲给他在市场定做的漂亮结实的书架呢？当然不是。人对自己追求的误解，也大都在于此。虽然，追求客观上表现为一定的结果，但价值标准却形成于价值追求的过程。如此，追求所带来的满足感，更重要的就在于过程，而不在于结果。

当过多功利性地强调目标成就的时候，就会忽视了成就感，成就可以有捷径，但成就感却没有捷径，更不能被给予，武断地给予成就只会剥夺人的成就感。真正的满足的公式是：有付出，有收获。由此还可以推断，付出多少收获多大；没有付出，有得到，也不会有价值。

成就，在于自己已经到达了哪里；成就感在于翻过了几座山，跨过了几道河。有不经历困难和挫折而获得的成就，但没有不经历困难和挫折而获得的成就感。成就，是以社会的标准来衡量的，而成就感，则是用自己的标准来衡量。

成就甚至成功，都是可以直接给予的，而成就感则只能自己通过努力来获得。

有成就的人，不一定就有“成就感”。

克服多大的困难，就有多大的成功

没有困难地获得成功并不是不可能，但如果一条路上没有困难和阻碍，那么必然会因为这条道路上走的人太多，太拥挤，反而没有了机会。

就这个意义上来讲，困难从一开始就是对成功者的帮助。困难是壁垒，阻碍我们，也会挡住别人，竞争反而会小了，成功也相对容易了。

困难另一方面的意义就是成就。什么叫作困难呢？横亘在需求与对象之间的障碍，就是困难。如果有一种强烈的需求，而要实现这种需求中间横亘着难以克服的困难，那只要解决了困难，就是成功。

就像拿破仑曾经带领军队越过阿尔卑斯山，忽然在不可能的时间和地点出现在他的敌人面前，所以，他取得了成功。

成功的另一种解释就是把不可能变成现实。在飞机发明之前，让人在天上飞是不可能的，但飞机发明之后，人可以在天上飞就是现实。从不可能到现实，存在的是困难，缺少的是方法，只要找到办法，就会把不可能变成现实。

DEC创始人、小型机之父肯·奥尔森在1977年称，家庭没有必要使用电脑。电影界泰斗达里尔·扎纳克1946年预测人们将不再需要电视，因为人们会对每晚都盯着这种夹板状的盒子看感到厌倦。比尔·盖茨在1981年声称个人电脑不需要超过640K的内存。英国邮政总局的总工程师威廉·普利斯1878年表示：“美国人需要电话，但是我们不需要，因为我们有众多的邮递员。”

天才是这样一种人：别人看似已经走到了路的尽头，然后宣布已经无路可走，所以回头，而他则转了个弯，继续走下去。巨大的成功有时就藏在平常人看不到的拐角处，所以，只有不平常的人，才能取得最大成功。

一个能够成功的人，总在想如何让这件事情变成可能，进而把可能变成现实，而那些失败者则在这个世界到处贴上“不可能”的标签。而在他们眼中所谓的可能，就是那些已经被别人的成功所证明了的。

刚毕业的时候，有些同学不仅选择了自己创业，而且选择的行业以及方法都让人觉得不可思议。一年过去了，他没有成功，于是有热心人告诉他：“放弃吧，不可能。”第二年，他还没有成功，旁观者告诉他：“回头吧，还来得及。”第三年，几乎所有人都在嘲笑：“你看那个傻瓜！”第四年，他孤独地成功了，于是人们都说：“我要是当初也做的话，早就成功了。”

山重水复疑无路，柳暗花明又一村。事情困难到了无法再进展的时候，那么也是离成功最近的时候。只要再稍微迈进一步，甚至半步，就是成功。

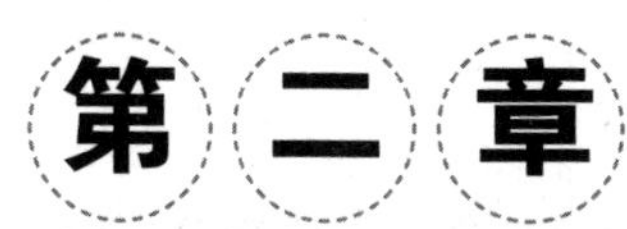

第二章

如何与领导相处

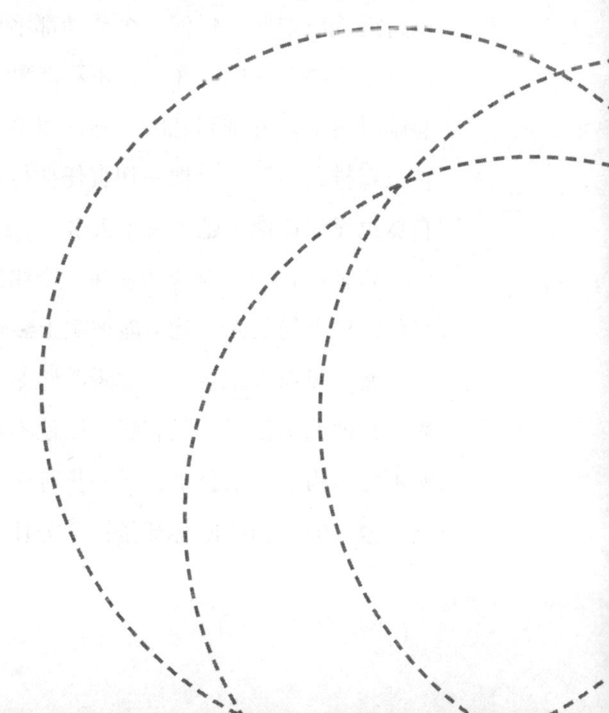

怕担责任的人不会立头功

很多工作，犯错是难免的，尤其一些相对比较艰巨的任务，成绩总是伴随着错误产生。只要工作，就有犯错的可能，只有那种什么都不干的人，才不会犯错。

曾经遇到过一位同事，人很精明，只要有什么事情，先与自己撇清关系，一旦找他谈话，标准一副“这事与我无关，别找我”的姿态。这样的人，自然不堪大用。

一个人的担当，首先是对错误的担当。

有一个女孩子，能力非常突出，但一直是一般员工，长时间对这件事情很不解。一次，跟这个女孩子一起做一个活动，她的表现让我知道了她所受的待遇理应如此。任何一个活动都不可能事先把所有的细节都一一想到，里面有很多临时性的工作，也不可能事先做出安排。在整个活动过程中，只要有临时的工作安排到她时，她的回答一律是：“这个不归我管。”“这件事情没安排我。”一个把一切责任推得一干二净的人，一个负不起责任的人，自然也无法让他（她）去干大事。

责任与权力是对应的。在一个团队当中，一个事不关己高高挂起，不想担负额外责任的人，就不能被赋予额外的权力。

常听见有人抱怨：“你看我跟某某人一起进的公司，我干得一点不比别人差，他们都提了，只有我还原地不动。”表面看来，公司这样分别对待确实不公。为了以示公平，下一步有个展示个人能力的好机会，于是，让这个人去做。但得到的回答却是：“为什么让我做？比我杰出的人有的是呢，让他们做就行了。”既然如此不愿被赏识，那也就只好让其原地踏步。

同样的能力，同样的资历，如果一个人遇事前进一步，那一年下来，积累起来的进步就非常可观了。反之，如果遇事后退一步，一年下来，离团队也会够远的，这就是积极和消极的区别。

一个可用的人，是遇到困难的时候能顶上去，有什么任务都能担当下来的人。或者说，这也是衡量一个人是否可堪大用的标准。职场如战场，真正需要的不是那些有了好处抢得比谁都要急的人，也不是那些一旦有困难就脚底抹油溜得比谁都快的人。任何将领都不会派没有担当的士兵去重要的地方打阻击，也不会愿意用一个见了困难就溜的士兵去攻城拔寨。当然，怕受伤、怕担责的人也永远不会立头功。

说话的顺序很重要

老板和两个经理在沙漠里迷了路，幸运的是他们找到了一个神灯，但灯神只许诺实现每个人的一个愿望。一个经理说：“把我送到夏威夷。”刚说完，经理立刻被送到了夏威夷。另一个经理说：“把我送到马尔代夫。”同样，这个经理也立刻被送到了马尔代夫。轮到老板了，他咆哮道：“立刻把这两个该杀的给我找回来！”

这个笑话告诉我们一个道理：在发言的时候，一定要让老板先说，这样，就摸清了老板的底牌，而不至于先把自己的底牌亮给老板。

年轻时候性急，跟朋友打牌的时候，经常因为一时激动，一把就把自己的牌亮开，结果很多本该赢的牌局却输掉了。经过若干次教训之后，逐渐明白：不管什么时候，把自己的底牌亮开之后，都会让自己处于不利的境地。

谈话就是一场博弈，而博弈的重点在于尽量摸清对方的想法，而尽量不要让对方知道自己的底细。

见一些新业务员去谈业务，总是直接把自己所能提供的最优的价格，像背书一样直接一股脑报给对方，希望用自己的真诚换来对方的真诚。但不知道一旦亮出自己的底牌，其实就把自己逼到了墙角，在谈判中，自己已经没有可以缓和的余地，只能任对方蹂躏。

一个毕业生到一家大公司求职，在跟人事主管见面前，他就暗下决定：月薪低于8000元坚决不干。面谈进行得很顺利，但谈到薪水时，人事主管说："最近公司很不景气，薪水可能达不到你预想的水平。"这个学生忍了又忍，没提出自己的要求。过了一会儿，人事主管接着说："我们只能每月给你一万。"

孙子兵法中说："知己知彼，百战不殆。"在战争中，交战双方都把了解对方的情况作为一项重要的任务。同样，知彼而不让别人知己也是在博弈中胜出的一项重要任务。

在开会讨论问题的时候，重量级的人物一般会后说。重量级的人物如果先说，无疑就定了调子，所以，总结性的发言一般都由领导提出。如果你是领导，那就等到最后，即便开始的时候，也要说些无关紧要的事情。如果你是会议的主持者，则要合理安排发言的次序，如果要让大家讨论，就先点职位其次的人先说，并给重量级的人思考的时间。

职场说话如同行军打仗，如果不能下功夫研究一下战略战术，好好排兵布阵，注定会输得一塌糊涂。

公私要分明

历史上，刘邦当了皇帝之后，一起打天下的哥们儿几乎没有一个善终；

朱元璋当皇帝之后，民间传说他搞了一起“火烧独角楼”，民间传说虽有不实，但历史的结果是，跟他一块打天下的兄弟，大多都血祭了大明朝的王旗；赵匡胤算是客气的，但也来了一出“杯酒释兵权”。

历史无数的事实告诉我们一个道理：哥们儿成为领导不稀罕，领导成为自己的哥们儿却很稀罕。

试想一下，如果你曾经的好朋友、好哥们儿，有朝一日成了自己的顶头上司，你心里是什么感觉。或许，自己会故作大度地跟人吹嘘：我哥们儿现在成了领导了，我现在也有人罩着了。其实内心里，有无数个说不出的别扭。

尽管朋友只是私下里做，但很少有人会把角色转换得这么纯熟。

一天晚上，英国皇宫举行盛大宴会，维多利亚女王忙于接见贵族王公，却把丈夫阿尔倍托晾在了一边。阿尔倍托很生气，悄悄回到卧室。过了一会儿，有人敲门，阿尔倍托问：“谁?”敲门的人答道：“我是女王。”门没有开。女王走开了，走到一半，她又回过头，再去敲门，阿尔倍托又问：“谁？”女王温和地说：“你的妻子。”这一次，门开了。

自己的朋友做了自己的领导，自己心里难免不舒服，其实换过来，自己的朋友做了自己的下属，同样会有各种各样的不适。如果这个朋友公私不分，那会让自己平添不少尴尬。

当然，一个人想要受到提拔，总要让领导知道自己，记住自己。一个领导很少会提拔一个自己根本不了解，不信任的人。但与领导近点，并不是与领导称兄道弟，不分彼此。

不同的人之间，要有一定的安全距离，一旦超过了这个距离，就会让人讨厌。保持跟领导的距离，这个距离就是让领导时常想起，但又不过近而让领导厌烦。

至于怎样的距离会让领导厌烦：第一，私人交往过密，从而让领导在公事上为难；第二，在领导那里出现得过于频繁，让领导没有了好奇；第三，被同事知道了与领导的私下交往，引来议论纷纷。

领导都有自己的空间，保持一定距离，不要侵犯了领导的私人空间。

不在领导视线之内的人，会让领导忽视；一个离领导近的人，领导自然知道他的优点，也会知道他的缺点；一个离领导太近的人，侵犯了领导的空间，自然会让领导生厌。最讨巧的，就是那种在领导视线之内，又能有限度地把自己的长处与成绩呈现给领导，让领导不断期待的人。

说话是门技术活儿

有些人，平时跟同事或朋友在一起的时候嘴很贫，但跟领导在一块儿的时候总感觉到无话可说。

这种话语在不同场合的“贫富”不均，自然会影响到一个人在领导心目当中的形象，影响到自己在公司的前途。

跟领导在一起的时候，与平时跟同事或者朋友在一起是不一样的。跟朋友在一起，很多话题不用努力找寻，自然就冒出来了。而跟领导在一起的时候，每个话题都要思考一遍，对谈话很重视，最终却否定掉了所有话题。

比如，自己和领导去见一个客户或者一起去出差，本来有很多话想跟领导说，但这时偏偏说不出口。偶尔说出来，也如“天凉好个秋”一样，是废话。

在这样的场合，汇报工作不合适，闲谈，却怕触碰领导的隐私。正式了不好，不正式又显得没礼貌。其实，作为领导，也怕那种喋喋不休的人，如何才能避免无话可说的尴尬呢?

其实，打破这种尴尬的最好的办法，就是准备几个问题，把自己所要跟领导说的话涵盖在里面。这样，既不显山露水，同时又能表达了自己看法，还不至于让领导觉得很累。

问的问题首先是自己的长项，在自己熟知的领域，否则问得不对，更显出自己的无知。比如，自己这个月业务做得不错，可以这样问：“王经理，这个月的业务还行，但下一步对如何增进业务缺乏思路，你能否指导一下？”这个话题可繁可简，可放可收，最好在问出这个问题的时候，自己也有一定的思路。

当然，这是较长的话题，有些话题可以很简短，比如说，“王总，这个客户是不是需要发展为我们的大客户？”这种问法，既表明了自己的观点，同时又让领导有了发挥的空间。

最好不要问没有观点倾向的问题。比如：“这个客户下一步如何发展？”如此一问，尽显自己的无知。可以这样问：“这个客户，是否可以一周跟进一次？”这样的问题是最有技术含量的对话。不用刻意准备什么话题，单纯围绕着工作，就可以开发出无穷无尽的话题。

这种问题，既是请教，又是表达，同时又表明了姿态，问题中既有自己的观点，也有对领导的尊重，更有虚心的请教。更为重要的是，这是一个自然的谈话过程，没有丝毫的扭捏造作。

真正的会说，其实是会问。会问的人，不用自己说。

用平常心对待领导

一个职场新人，面临的首要问题是如何对待自己的领导。

大多数职场新人在面对领导的时候，在理想层面，还带有学生时代的清高，把所有的领导都不放在眼里；在现实层面，却又对领导带有本能的恐惧，每当面对领导的时候，经常有着不知所措的惶惑。

这是作为一个职场新人对自己的矛盾定位在领导认识上的自然反应。任何一个职场新人，在理想层面，多少都有点好高骛远，在现实层面，由于经验的缺乏，对很多事情都没底，所以就出现了这种不知所措的惶惑。

所以，正确对待领导的第一步，就在于先认清自己，要让自己从理想的层面下来，从现实的层面上去，让理想和现实重合在当前的工作当中。首先不要拿未来的自己来衡量领导，所以要给予领导充分的尊重。在现实当中，把领导当作一个普通人，跟自己一样的普通人，把自己跟领导放在人的角度来对话。

对领导的误解，很大程度上就在于没有把领导“当人”。比如工作多年之后，偶尔听说原先的某某同事当了领导，都会觉得很惊讶。因为在潜意识当中，总觉得那个职位很重要，而在那个职位上的领导有点神圣，而自己当年的那个同事，在一起摸爬滚打多年，所以知道他其实是一个凡人，因此无法与自己神圣的想象重合起来。

因为没有把领导当做人看，所以会导致与领导相处过程中犯很多错误。因为自己的清高，会让自己看不起领导，从而不愿与领导交往。因为面对领导的胆怯，让自己不敢接触领导。

领导也是人，所以，要以正常人的思维去替领导想：领导也是人，也喜欢被赞美；领导也是人，也会记仇，也怕麻烦，也希望休息，也有七情六欲；领导也是人，也有私生活，也有情绪，有感情……

把领导当做人，就不要按照自己的思路，对领导做不切实际的幻想，更不要根据这些幻想，来对待领导。当然，领导平时都是端着的，所以也容易让人误解，但事实并不是这样一回事。第一，并不是领导就刚正不阿，领导也有自己的喜好，也都会重用那些自己认为靠得住的人；第二，领导也会小肚鸡肠，并不会如表现出来那样的大度；第三，领导并不都是工作狂，也想休息，也想偷懒，所以，并不是自己所有的工作汇报都会让他欣喜；第四，领导也都有局限，并不是只要是领导就都是全能。

当然，在看待领导的问题上，另一种错误的倾向就是认为领导都是猪，什么都不懂。只要是领导，就有做领导的原因，一个真的在专业上什么都不懂的人做了领导，在其他方面也一定有自己的特长。

正确地对待领导，就是既不要把领导当做神，也不要把领导当做讨厌鬼，而是要把他们当做人，除了在地位上不一样之外，其他一切都一样的人。

领导的类型

学会与领导相处，先要从认清领导开始。

魏征之所以以直言敢谏而著称，固然与其自身的秉性耿直有关，与他对李世民性格特点的了解也分不开。如果魏征面对的是一个像隋炀帝一样的君主，第一，他可能没有机会有如此的表现，第二，他要如此表现的话，只能说明他有胆无识。

识时务者为俊杰，一个人如何表现才能获得领导的赏识，才能在职场上高歌猛进，不仅仅与自己的能力、性格有关，还跟领导的脾性和当下的条件有关。抬头看天，低头走路，要想在职场的路上走得稳，只闷头走好自己的路是不行的，还要时刻抬头，即便不改变自己走路的方向，但也有必要根据领导的情况改变一下自己走路的方式。

领导不同，领导的喜好与厌恶就不一样，与领导的相处之道也应该有所不同，在与领导相处的时候，不能用一把钥匙开所有的锁，在与领导相处的问题上，经验很重要，但经验绝对不能照搬，应该分析利用。

认清自己的领导，首先要认清自己领导是一个什么样的人。作为个人，每个领导都有自己的个性，但作为领导，在风格上则有一定的相似性。

有的领导是大哥型。讲义气，重感情，喜欢跟团队中的人称兄道弟，在所有事情上也都肝胆相照，荣辱与共。如果跟着这样的领导，当然就要充分发挥自己的侠义柔肠，多动感情。

与大哥型领导相对应的是标准型。所谓标准型，是指领导刚正不阿，只认制度，只认成绩。如果跟着这样的领导，尽量不要与之有过近的私底下的交往，因为一旦做不好，反而会让其反感。有一个朋友，前任领导是一个大哥型的领导，这个朋友经常私底下与之套近乎，也从中得到了不少的好处。后来，领导换了，换成了一个标准型的领导，这个伙计还是用了对付前任领导的方法，领导刚上任，就带着礼物去拜访。没想到，这位领导根本不吃这一套，反而觉得这个人是不是做了什么错事，或者是在人品上有问题，于是，这个朋友在这位领导任期之内，一直没有得到过重用。

还有一种领导，是猜疑型，比如曹操。跟着这种领导，最好的办法就是做好自己的事情，所谓身正不怕影子斜，只能用自身的正，来对待对方的无端猜疑了。

汇报工作别紧张

想要真正把一件事情对人表达清楚，是一件很难的事。表达是有一定的场合和对象的，尤其重要的是，表达总是在一定的心态基础上进行的。向领导汇报过工作的人，对此应该都有体会。表达的时候，忐忑是难免的，如果话没有说到领导的心坎里，遭到领导的反驳，就更不知道怎么说了。

当然，也不能因为表达很难就干脆顺其自然，要想表达清楚流利，也是有一定技巧可以使用的。要想准确地汇报和表达，首先要记住两点原则：第一，摆正姿态；第二，端正心态。

当问题摆在面前的时候，很多人首先想到的是如何解决，其实，这是不对的。因为很多问题的解决并不是如同1+1=2这样客观简单有标准答案，里面牵扯到很多主观的因素。以不同的角色面对不同的问题时，会有不同的答案。比如，同样一个问题，以朋友的身份还是以普通旁观者的身份，以领导的身份还是以普通同事的身份，作出的解答都是不同的。所以，在解答一个问题之前，首先要做的事情是给自己定位，定位自己在这个问题情境当中的地位和角色。不同的角色和不同地位的人，不论从表达的感情色彩，还是对事件的参与程度，或者应该提出的建议方式上，都会不同。

说话是要有正确的姿态的，不同的姿态，说话的效果是不一样的。只有摆正姿态，才能端正心态。摆正姿态，说白了就是要有明确的角色定位，知道自己是谁，话该怎么说。谈话当中带紧张情绪，主要是怕说错了话，怕说错话，主要就是因为对自己定位不准，不知道这些话该不该说，该怎么说。只要摆正了姿态，就会给人脚踏实地的感觉，再说起话来，自然就理直气壮。有了正确的姿态，才能让话说出来有底气。

摆正了姿态之后，接下来就要迅速地进入谈话的状态。进入谈话的状态说起来容易，做起来却不简单，这就要求在谈话之前精心地准备，并且要有技巧。

准备很关键。不仅是要准备好自己要回答问题的答案，更要预先设置几个自己要提的问题。答案是准备汇报给领导的，而问题则是留给自己的，因为只有问题才会让自己掌握谈话的主动权。巧妙地设置几个问题，不仅可以让自己在谈话的过程中有舒缓的空间，而且可以有效引导谈话的走向，把话题导向自己擅长或是想要了解的内容和方向。

与自己的下属谈话同样要精心准备。有些人与下属谈话的时候太随意，甚至带着情绪，比如在暴怒的情况下与下属去谈话。带着情绪谈话，容易激起对方的害怕或抵触的情绪，对方不敢或不愿意敞开心扉说实话，那么谈话的意义就不大。而谈话过于随意，摆不正姿态，端正不了心态，很容易让自己被下属问得理屈词穷，丢面子不说，长此下去，权威就没了。

摆正姿态相对较容易，让心态先到位却是很不容易的。在向领导汇报工作的时候，最容易犯的错误是不自觉地把自己的位置降得过低，所以莫名其妙地紧张。人一旦紧张，就会影响发挥。一个人见领导的机会是很稀有的，因为紧张而导致发挥失常，不仅会让自己在领导那里的印象减分，而且整个的汇报过程也会很被动，会使整个汇报过程缺乏必要的交流。

最简单的办法，是在每次汇报之前，先弄清楚这样几个问题：第一，自己应该问什么问题；第二，彼此在谈话中的角色是什么；第三，自己应该以什么样的态度去问。

如果汇报内容比较复杂，还可以把问题设置得细致一点，这样，就会很容易进入状态，并且在整个谈话中游刃有余了。

工作是给自己做的，别怕吃亏

人的好坏，是一个概率事件。有人一贯做坏事，只是在领导面前做好事，于是，他成了一个“好人”，但就概率上来讲，他做的坏事一定会被领导发现的。

一个人一贯做好事，后来，忍不住，瞅领导不在的时候，偷偷做些坏事，结果，正好被领导碰上了，所以觉得很冤枉。其实有什么冤枉的呢？虽然坏事只有一两件，但做坏事的心思却不只一两天。更何况，只要做，就有被抓的可能，这又有什么怨言呢？

用渔网捞鱼，并不指望一个网眼或者两个网眼管用，最重要的是要没有漏洞。只要一个漏洞，就足以使整个渔网报废。当然，鱼喜欢钻漏洞，人也喜欢钻漏洞。喜欢钻漏洞的人，往往也不会捕到太多的鱼。

一件事情，如果做了，只对自己有好处，很多人会毫不犹豫地就做了。但如果一件事情，做了之后，不仅对自己有好处，对别人也有好处，那在做的时候，就犹豫了，因为不能让别人白占便宜。比如，一个人自己住一个单间的话，可以保持打扫得很干净，如果十个人同住一个宿舍，则没有人打扫卫生了。如果一件事情，对别人有好处，但对自己没好处，十有八九就更没有人做了。做了，领导看不见，同事不领情，很多人会觉得，那还有什么做的必要？事实并非如此。

工作中，遇到的大都是以上的第二种情况，而影响自己工作积极性的，也大都是第二种情况。如果说工作只对自己好，人们工作的积极性一般会很高。可大部分工作却不是如此，尤其一些需要团队合作的项目，就是干好了对大家都好的意思，这种情况极易出现吃大锅饭的局面，当有一个人消极怠工而不能得到有效惩罚的时候，这种心态会迅速传染给其他人，导致整体懈怠和彼此推诿。

大锅饭也并不是没有好处，当一个团队能保持昂扬的斗志的时候，会迸发出超高的集体效率。但这种斗志是很难通过外在的制度来保障维持的，而这种斗志一旦不在，团队的工作状态极易发展为集体性的消极怠工。为了避免出现这种情况，一个团队的领导在组建团队的时候，就要明确每个人的责任，尽量减少责任和利益的共担。

当然，单纯靠制度来保证利益的完全私有化是不可能的，因为人与人之间在利益分化的同时，也必然存在利益的连接。

抗日战争时期，一场战争之后，一个连队打到只剩下十几个人，休整间隙，他们到一个饭店吃饭，在那里，遇到了一个官二代。官二代毫不客气地指责他们打了败仗，当战士们反唇相讥的时候，官二代说："你们又不是在给我打仗，有本事你们不要打啊。"或许，很多人在工作当中都遇到过这种让人窝火的情形。如果遇到这种情形，就不是等待或祈求外在制度更加完善的问题了，在这种情况下，只有改变自己的心态，因为事情是做给自己的，而不是做给别人的，积累的经验必定会在未来的职业道路上成为自己不可取代的财富。

做好自己应做的每一件事情，这不仅是良好的工作品质，也是良好的生活修养。虽然我们没有必要相信"人在做，天在看"这种神话，也没有必要期待"总有一天他们会承认我的成绩"，单纯就三心二意对人对事是痛苦的，一心一意对人对事是快乐的这个现实出发，我们也应该排除一切干扰，做好自己应做的每一件事情。

在团队中不能太强势

在职场中，并不是只要能力强就会得到重用。

任何一个领导，面对的都是一个团队，所以，领导优先考虑的不是团队当中的某个人，而是团队的整体。所以，一个人能力可以很强，但不要强到影响团队的正常运转。

一个人在公司做会计，他能力非常强，工作也非常认真负责，而这个团队的平均水平都比较弱，如此一来，问题就出来了。这个人在工作上与整个团队并不是一个节奏，所以工作上就出现了很多冲突的地方，工作上的冲突逐步延伸到个人关系上，导致他与整个团队关系都比较紧张。最后，在选择整个团队还是能力强的个人的时候，领导很自然选择了团队。

谁都知道他是无辜的，谁都对他的工作成绩表示认可，但这并不代表他就是称职的。而他的行为能力，也自然让领导陷入为难的境地。

一个人选择一个团队，能否在这个团队当中起到自己应有的作用，不仅仅要看个人的工作能力。这就如同NBA球队，一个能力很强的队员加入到球队当中，如果不能起到良性的化学反应，反而会让球队的整体水平下降。飞机的发动机当然要比汽车的强大，但装到汽车上只能造成灾难。

因为能力强，从而与整个团队的节奏不符，甚至带乱了团队的节奏，这只是让领导闹心的一种强势。在团队中个人的强势还有一种表现，就是为人的强势。

与职场当中的软柿子相对应，有人就是团队中强势的刺头。强势有很多种表现，其中最突出的表现就是得理不让人。比如，一次领导批评了某个同事，而当时领导的批评显然是错了，而这个同事很明显是抓住理了，不仅让领导公开道歉，还时不时地拿这个说事，后果是领导找了个理由让他走人了。

领导和员工之间的关系，必须维持一种微妙的平衡。首先，领导依赖员工，没有员工就没有领导，并且，领导需要做出好的成绩，尤其领导上面还有领导的时候，在业绩的压力下，领导有与员工搞好关系的主动性；其次，与一般员工相比，领导掌握更多的话语权，有更多的实际工作的分配权，因此，领导是相对强势的一方。作为员工，一方面要守住自己的底线，在完成自己该做的工作，维护自己正常利益的同时，还要维护领导的权威，要维护领导相对强势的地位。

安守本分，不要越位

领导不管是在实际的权力，还是在心理的权威上，都不愿被侵犯。而年轻人初到职场，往往在不经意间就侵犯了领导的权威，而最常见的方式，就是行为的越位。

越位最容易造成对领导权威的削弱，造成对领导地位的威胁，甚至会让自己的强势衬托出领导的无能，所有这些，都会影响到领导的实际影响力。

团队中存在某个问题，自己无数次向直接领导亲自反应，但一直没有结果，一气之下，就直接向领导的领导反应了情况，领导的领导效率自然更高，事情很快得到了解决，而自己的直接领导也受到了应有的处罚。这种越级可以说是对直接领导地位的无视。

一个团队当中，具体的执行工作由员工完成，而领导一般不会具体执行。这就如同人体，领导是脑袋，而员工是四肢。员工有时也会帮领导出出主意，领导也会鼓励员工出主意。但员工只是帮忙出主意而已，切记不要把帮忙当成了替代。

一个团队是有秩序的，这种秩序，有现实的秩序，也有潜在的精神上的秩序，不管是在现实的层面，还是在潜在的精神层面，都不要挑战和威胁领导的权威，不要越位。

不要越位，首先要找准自己的位置，找准自己的位置之后，才知道该说什么样的话，该做什么样的事。也只有摆正了自己的位置，才能守住自己的位置，保证自己不越位。一个团队，只有每个人都有自己的位置，并且恪守自己的职责，安守自己的本分，才能保证团队正常地运行。作为员工，只有安守自己的本分，才能保证自己在团队的安全。

第三章

有方法，没困难

把困难当成工作的一部分

人和人是不一样的，有些人，很少听到他们抱怨，分配给他们的工作也并非没有困难与问题，但他们不唠叨，并且很快就会把这些工作完成。而有的人，不管接到什么工作，都会先抱怨一番，当然，这种抱怨就是强调工作的困难，继而就是对他人或者公司的怨愤。

自己也经常因为工作中的困难而愤愤不平，但工作却还是要做的，于是这种不满的情绪就像一根刺一样，扎在心里，让自己难受。

为了不再让自己难受，就试着看如何能拔掉这根刺。从对工作中困难的不满，到欣然接受，实现两种状态之间的转变，最主要的是实现自身心态的平衡。把自己的立足点放得高一点，这样，自己的包容性就会更强。

要想正确对待和解决工作中的困难，要解除困难带给自己的消极影响，就要把困难放在工作之内，而不是放在工作之外。正确的心态就是要把工作当中的困难看作工作的一部分，而不是工作之外的责任。

比如，一个业务员领到任务去拜访一个客户，抱怨的事会有这样几件：路太远，客户很难联系，领导让去拜访本身是错误的……如果把自己放在一个负责任的位置上，一个业务员面对这些是正常的，有困难，但是会想办法解决，即便是领导的决定错了，自己也要通过合理的方式与渠道，与领导沟通。这样自然会心平气和，不仅是淡定，而且心态积极，更不会因为这些事情破坏自己的好心情。如果把自己的格局降下来，那这一切都成了别人跟你过不去的理由。这样自然会产生在职场当中常见的问题：第一，整天就是一个被侮辱与损害者；第二，什么问题都解决不了，还能干什么呢；第三，标准的刺头，沾火就着。

在大吵大闹地抱怨时，自己仿佛只是一个身处其中的旁观者。如果想去掉自己的怨气，很简单，就是把所有的问题当成工作的一部分。

只要能把困难当成工作的一部分，就会发现之前所强调的困难，很少真的是困难，大多数不过是在实现目标过程当中这样或那样的不便。而之所以把不便当成困难，主要是给自己找一个理由，为自己的懒惰和怯懦找一张体面的免战牌。

困难与不便之间的区别主要是主观心理上的差别，而抱怨则是把不便变成困难的最直接原因。因为抱怨是对不便的主观评价，而不是客观反映。而要解决不便，以主观评价出发，得出的结论永远是要退却，这就是困难。只有客观地正视这个不便，弄清不便到底是什么，这样才是解决困难的第一步。

抱怨工作中的困难，其实是自觉或不自觉地误解了自己所要去做的工作，在分配到的工作中，自然就包含着这些困难，或者说，工作就是去解决这些困难，既然接受了工作，自然就要去解决这些困难。

如同这样一个笑话：一个人中了箭伤，去找外科医生治疗，医生拿了把剪刀，把箭杆剪断，然后对那人说："好了，我的任务完成了，剩下的就是内科的事了。"工作也是如此，解决困难本来就是工作的一部分，如果只做简单的，把困难的扔给别人，显然就不合适了。

不行动，困难就永远不能解决

一步踏上十级台阶是困难的，但一步踏上一级台阶（除非台阶不是让人攀登的），却是能轻易做到的。

任何困难的解决，也都如同上台阶。道理虽然都懂，但实际操作却很难跟上台阶一样气定神闲。因为困难虽然都要阶梯性地解决，却不会阶梯状地呈现。更何况，我们大多的时候是眉毛胡子一把抓，总想一口吃个胖子，结果是老虎啃天，无从下口。只知道一步到达不了目标，却从不考虑要分成几步到达，更迟迟没有开始迈步。

再轻易的事情，如果不去做永远不会完成，再困难的事情，只要一步步去做总有一天会解决。所以，在困难面前，最缺的是行动。当然，不是盲目地行动，而是有步骤、有计划地行动。

一家网络公司，整个运营系统陷入了瘫痪。公司的领导总感觉头绪太多，无从下手，因此很长一段时间，运营系统一直处于瘫痪状态。这是多数人在面对困难时的心态，也就是总想一下子解决。他们所谓的没有办法，一般指的是没有一贴灵丹妙药，一下子解决掉整个困难，让整个系统起死回生。因为没有也不会有这样的办法，所以就认为没有办法。

那家网络公司后来请了一个职业经理人，让他重整公司瘫痪的运营系统，这个经理人经过一段时间考察后，把整个工作流程分成了可执行的五步，一步步环环相扣，直到问题解决，计划期限是一个月。当然，这五步都是通过努力可以实现的。一个月之后，公司运营的问题顺利解决了。

1983年，恐高症患者伯森·汉姆徒手攀壁上纽约的帝国大厦，他94岁的曾祖母听到这一消息后，特意从100公里外的葛拉斯堡罗徒步赶来庆祝，竟无意创造了老年人徒步最远路程的记录。《纽约时报》的一位记者问这位创造纪录的老太太："当你打算徒步而来的时候，你是否因年龄关系而动摇过？"老太太回答："小伙子，打算一口气跑100公里也许需要勇气，但是走一步路是不需要勇气的。只要你走一步，接着再走一步，然后一步再一步，一百公里也就走完了。"

所有的工作面临的最大困难，其实并不是工作本身，而是面临困难时的急躁。欲速则不达，这个道理人人都懂，但这样的错误却最容易犯。当一件需要分成十天来完成的工作，被一股脑地摆在面前的时候，本来很轻松的工作，却一下子变得困难了。阻碍工作进程的，不是困难本身，而是压在心上

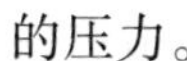

的压力。

其实，解决困难，并非都需要天才的智慧和勇气，更加需要的是立即行动。

把抽象的困难，变成具体的问题

经常有人一脸无奈地抱怨，这件事情如何如何的困难，如何如何的难以操作。

面对困难，首先要做的是把那些不能解决的困难，分解成能够解决的困难，如此，就简单得多了。

困难让我们面临两种选择，要么放弃，要么克服困难。放弃不是最好的选择，那就需要我们克服困难。而克服困难有很多种态度，最基本的有两种：一种是如同没头苍蝇一样，到处碰撞，这样也能最终找到出路，但这种代价有点大；另一种就是静下心来，仔细分析，找到解决办法。

在困难面前能沉下心来，不仅是一种方法，也是一种境界。在困难面前最大的困难是让自己陷入慌乱。人一旦慌乱，就会焦躁，一焦躁，就会大脑空白，就会一筹莫展没有办法，困难真的就成了困难。

一次，公司要做一个市场调查，第一天，基本没怎么组织，每个人根据自己的理解，乱哄哄跑了一天。第二天早会，每个人都一肚子抱怨，七嘴八舌开始了议论，感觉这种没头没脑的任务根本无法完成。

面对困难的时候，最怕的就是像这样只知道困难，却不知道困难到底是什么。当困难只是一种传说，或者只是一种威胁的时候，当事人就只能抱怨、退却、恐惧了。解决困难的第一步，首先要知道、了解困难是什么。于是，先平静一下大家的情绪，每个人说出、而且必须说出一天的调查中遇到的困难。然后整理、讨论，在这个过程中，需要解决的问题是什么。当困难变成问题，解决困难就具体可行了。

困难是抽象的，很大程度上是一种心理上的表达，而不是对现实的陈述。把抽象的困难变成具体的问题，是解决困难的第一步。

问题出来了，然后解决问题。问题不好解决，但不是不能解决。通过整体讨论、协调，然后具体任务的分派，一天时间，本来需要一周才能完成的市场调查，就完成了。

经常会遇到这样的难题，很多人也在为进还是退，向左还是向右，坚持还是放弃而思索，所以，很多人经常在纠结。于是，我们面临这样的窘境：没有机会的时候困惑，当机会来临的时候纠结。

有困难，才好玩

如果会下棋的话，你是选择与一个跟自己旗鼓相当的对手对弈，还是找一个棋艺远不如自己的人下？

以前，经常玩一些闯关类的游戏。有时，自己会被挡在某一关之前，无论如何也过不去。这时的心情是痛苦而愤恨的。但是一旦闯过去了，却很少有兴致重新玩，究其原因，无非是游戏的难点和解决办法已经了然于胸，这个游戏对自己已经没有什么挑战性。

工作就有点类似于这种闯关类的游戏。我的第一份工作是教学，刚工作时，唯恐学校给自己安排的课时太少，每到自己要上课，提前就激动很长时间。上课，是那时最大的乐趣，但这种乐趣没有维持太长时间。逐渐的，自己已经没有了初登讲台时的紧张与激动，讲课，已经成为一种固定的程序，甚至不用拿课本，都能知道一堂课应该讲哪些东西。一切成为轻车熟路的重复之后，讲课就让人开始厌倦。

一份工作让人持续保持激情的前提是，这份工作有层出不穷的新困难，等待着我们去克服。但困难本身给人带来的并不是兴趣，而是压抑或者沮丧。如果把困难的解决作为一个分割点把工作分成两块，一块是困难没有解决时，一块是困难已经解决，我们很容易的就能对这两部分的特点进行分析。当困难没有解决时，这时，自己会压抑、沮丧，如果始终没有解决这些困难，那么自己的心底可能还会升起一丝绝望。但困难解决之后，当然在这之后，会经历心理上的一段愉悦期，但之后呢，竟然就是无聊。如果让人重复性地做同样的事情，那不仅是无聊，而且是一种痛苦。

一个刚学会开车的人，虽然开两个小时的车就足以让其腰酸背痛，但这种生涩却让其乐此不疲，等过了这种生涩期之后，开车就成了一件身心俱疲的事情了。

一份工作一旦没有了困难，工作本身就失去了意义。我们是否要主动给工作增加点难度呢？不能，因为困难是用来克服的，本身就是要被消灭的。工作中的困难不同于玩，玩追求的是过程，而工作则是追求克服困难之后的效果。目的的不同决定了玩的时候可以随意增加难度，但工作的时候，则总是希望自己能尽量少地付出，尽量少地受到阻碍，就能顺利完成任务。

找到自己当前最应该做的那一件事

很多人都有这样的经验，年龄越大，越感觉累。为什么呢？如果给出一个直接的答案，那就是事多了呗。其实，这个答案是很值得推敲的。不管事情有多复杂，人在同一时刻，也只能做一件事情。如果论做事的频率的话，年纪越大的人，做事的频率越低，因为年轻人坐不住，处在有事状态的时候，远比年长的人要多，但年长的人还是觉得累，即便在家里躺一天，也觉得累。如果再问为什么？答案也比较明确：心累。

心为什么累呢？因为心里想的事情太多，当然并不是做的事情太多。想得多，做得少，结果就是：自己在自己面前堆积起无数个解决不了的困难。

我们经常说年轻人单纯，单纯就是考虑事情很简单，而思想单纯的结果也很明确，就是想的事情少。

那年龄越大越累的原因也就明确了：在同一时刻只能做一件事情，但却可以同时想若干件事情，而这不仅造成人心理上的疲累，也会造成身体上的倦怠。

我们在同一时刻只能做一件事情，这是客观决定的，但在同一时刻，只想一件事情，却不是客观所能决定的，因为我们在很多时候，忍不住会想。

客观上，人在同一时间，把一件事情做好就行了，而现实也是，在同一时间，也只能做好一件事情，并且前提是全身心地投入。但想要如此投入却很难，行为的常态是在做一件事情的同时，却时常牵挂着其他的事情。对其他事情的牵挂，虽然对其他事情毫无助益，对当前的事情却有害无益。更关键的是，导致人身心俱疲。

专注地做一件事情，是做好所有事情的前提。都知道大而空是一个毛病，不幸的是我们很多人恰恰就有这个毛病。而很多事情无法解决，也是因为有这个毛病。千里之行始于足下，谁都明白，足下迈出一步，谁都能做到，但让人走一千里，却很少有人能做到，因为人在这个过程当中走的每一步，都把一千里背负在思想当中。

看以下这个例子：有一对夫妻要离婚，女方的理由是男方习惯以沉默来对待所有的家庭矛盾，男方的理由是女方太强势，不讲道理。有人就出来调解了：女方要注意沟通的方式，男方不要回避矛盾，要注意双方的沟通。貌似很有道理，但这样的调解根本没用。为什么？因为他们只是把一种空泛的理论，用另一种空泛的理论重复了一遍，而关键问题是具体的通过什么样的行为，什么样的语言来解决这个问题，但他们没有给出来。很多困难其实就是这样形成的，人只是找到一种空泛而不着边际的理论，没有一种可实际解决问题的行为。而对于这对夫妻来讲，要想解决他们之间的问题，就要给他们建议一个在说话做事方面的可实际执行的方式。比如，在现场，女方就他们所关心的家庭理财的问题，以银行员工对待储蓄客户的态度，跟男方进行一次探讨，而这个并不是他们做不到的。而男方，则用一个小学老师对待小学生的态度和方式，对子女教育问题，跟女方进行一次探讨。能在现场做到，就能在生活中做到；能在生活中做到，就能在生活中坚持；能在生活中坚持，就会解决他们之间的矛盾。

困难是因为我们过多地注意到了我们大而空的思路，而没有具体到一件事情上。而困难的解决，是要找到我们解决困难所应该做的那一件事。

任何事情，给出解决方案

如果现在领导针对某个问题，咨询你对这个问题的看法，这时候，你该怎么办呢？

多数职场新手，往往找不着要点。在职场上，所有的问题都是以某种症状的形式出现的，或者说所有的问题都是以客观的形式摆在那里的，目前这种状况不理想，然后就出来了第一个问题——理想的状况是什么，要达到什么目的？

至于要达到什么目的，在处理问题的时候是最容易被忽略的。打个简单的比方，如果领导告诉你，现在他头疼，你该怎么办。通常的回答有以下几种：第一种，反复论述头疼是一种什么样的症状，有什么样的危害，当然，还可能感同身受地表达出自己对这件事情的心情，这种态度类似于去看一个病人；第二种，对造成头疼的各种可能性原因进行分析，分析头疼的原因，分析病情，找出致病性因素；第三种，做出相应的诊疗方案，给出具体的解决办法；第四种，拿药，或者直接陪同去手术。

这四种情形，我们可以概括为材料罗列、问题分析、解决方案、具体执行，就问题的解决来讲，这应该是一个完整的步骤，但在实际解决问题的时候，这几个过程往往被割裂开来。

大多数时候，问题的解决往往停留于第一个层面，就无法再往下深入了，因为对后面三个层面没有实际的思路。停留于第一个层次，实际是一种退却，表现就是对事实材料的不断罗列，对困难的一再陈述，而忘记了，工作的本质是为了解决这些困难，而不是罗列这些困难。

再一种错误，就是停留于对问题的分析，对问题不断地分析，然后就退却到第一个层次了。

其实，所有问题的入手，应该是从第三个层次，给出具体的解决方案，如同自己去看医生，我们的目的是寻求一个解决方案，在此基础上，我们需要听到对病情的描述，听到原因分析，当然，还要听到如何执行。其实，所谓的解决方案是包含第四个层次的，虽然大部分执行并不需要给出方案的人去做。

因此，如果领导再就某个问题征询你的意见的时候，完备的思路和方法是以给出具体可执行的解决方案为核心和目的，去分析和陈述问题。

一个方案，思维的顺序和表述的顺序是不一样的，不要因为表述的顺序而颠倒了思维的顺序。

做好计划，让困难落地

当领导安排给自己一项工作，并且规定了完成的时间，这时，我们首先感觉到的是压力很大。虽然，有人会说，没有压力就没有动力，但这句话并不是放在什么时候都合适的。压力如果放在执行的层面，是会产生动力的。这就如同老师布置了家庭作业，家长要适当地辅导、检查，这样才能让孩子们具有更多的完成作业的动力。但这一切的前提是有明确的任务，有明确的方法，剩下的一切只是按照规定动作执行就行了。

但工作中的很多任务完全不明确，更没有明确的方法。在这样一种情况之下，如果没有把任务具体化，并且找到正确的方法，把任务落实到执行的层面，压力只能导致恐慌、怠惰，甚至错乱。

科学家曾经做过这样一个实验：先是对一只老鼠进行电击，电击是有频率的，只要跳到一个地方，就能躲过电击。在经过几次电击之后，老鼠很快就能熟练地通过有规律的跳跃来躲避电击了。后来，科学家把电击变得凌乱无序，开始的时候，老鼠还不断地跳跃，在发现跳跃无用之后，干脆就老实地呆在那个地方，忍受这种电击。

这个实验如果放到职场上，可以说明这样几个道理：如果面对一大堆无序的工作，就会想放弃行动；尽管不做的话会遭到老板的痛斥，但也会因为实在无从下手，放弃主动努力；凌乱和无序的工作会让人感到无助和巨大的压力。

如果把问题倒回去，让自己摆脱这种压力和无助，最终是要靠把空洞的任务放到执行的层面来解决的，就是要让困难落地。那究竟怎样才能让困难落地呢?

让困难落地的关键在于制定出切实可行的工作计划。从心理方面来看，工作计划可以让心理减负。或者说，计划的最大作用在于能让人真正把负担放下。两个人同样接到一个复杂的工作任务，一个人对任务实行了精确的分解，并按照要求，进行了详细的计划，每个步骤都配上具体的完成时间和目标要求，那么这个人现在需要做的就是去执行具体的没有困难或者其困难被分解成小块的任务。另一个人，接到任务之后，并没有制定计划，而是立即去执行，在执行的过程中，为了避免出现错误，他要始终记挂着自己的任务，并不断地纠正自己执行的方向，这个人此时是把整个任务背在身上的，并没有放下自己的任务。所以，这个人在完成任务的过程中，必然时刻警惕，随时小心。

做计划不仅是心理的减负良方，也是有效的执行手段。

在复杂的任务面前，首先最需要解决的就是梳清条理。人的思维所能准确把握的事情的宽度和深度都是有限的，所以，在执行的时候，往往会感到一个任务无从下手，无法执行。即便执行了，也会凌乱不堪。做计划不仅是对任务有效地分解，而且让任务在执行的层面上逻辑和条理通顺，从而增强执行的效率。

走出自我，到事情中去

一个人在工作中，最怕无事可做。一个身在职场，却只是领工资混日子的人，是浮躁的，浮躁不仅仅是一种工作状态，这种工作状态，极易延伸成为一种心理状态，一个人如果在浮躁的状态下，不管是工作还是生活，都会受到很大的影响。

浮躁，是职场中常见的慢性病。总是有一大堆事在那里，却总是不想做，也不知道如何做。如果什么都不做，还心安理得也还行，关键是什么也没做的同时，还被一种莫名的焦躁折磨，总在不断地自责，感觉对不起父母，对不起公司，对不起自己。

而这种情形非常容易形成一种恶性循环，就像一个不会游泳的人被扔到了深水里，知道这样下去，迟早会被淹死，却只能在水里瞎扑腾，虽然这样做结果还是会被淹死，但又为了给自己心理安慰，而只好持续这样做下去。

表面上，每个人都每天按时上班，按时下班，但人和人做的事情并不一样，有的人是真正在做工作，有的人只不过是在瞎扑腾。

浮躁，并不是真的无事可做，而是有事却不知道怎么做，或者说有事而沉不下心来做。不管是哪种原因，都是没有事能留住心，结果让心漂浮。而要结束这种状态，也很简单，就是要让心被事绑住，心自然就会沉下来。

世事一团乱麻，要想解开，首先要找到一个线头。

就是因为没有事情作为开头，找不到一个切入点，千头万绪，就是没有头绪。没有头绪就没有开始，没有开始就人浮于事，所以，整个人就处于这样的漂浮状态了。万事开头难，应用到这个地方再确切不过了。这个头，就是让自己沉下来的头。沉下来，是需要智慧和勇气的。勇气让自己正视这团乱麻，智慧让自己找到一个线头。

如果实在找不出一个线头，理不出一点头绪呢？事情的次序有两个方面，事情本身的秩序和在时间中展开的秩序，如果找不到事情本身的秩序，就找到事情在时间中自然呈现的秩序，从手头的事情开始，只要有了开始，走着走着，说不定就豁然开朗，眼前别有一番天地。

自己有这样的体会，有些事情，确实一时找不到它的头绪，没有办法，只好从手头能做的事情开始做，谁知道，竟如同抽丝剥茧，很快就沉到事情当中，不仅心态得到了抚慰，事情也很快得到了解决。

在工作中，人习惯性地先让自己有序，然后根据自己的秩序，来安排事情。但工作本身又是有自己的秩序的，两个不同的秩序的碰撞，必然会导致工作的无序。

正确的做法是，让正常的事的秩序，带动人到秩序当中。当然，也不是一定完全按照事的顺序来被动地接受，在两者都走上有序的同时，可根据工作和自身的情况，适当地调整顺序。

从自我当中走出来，到事情当中去，这是让自己沉下来的要诀，也是解决浮躁的关键，更是让工作有序、生活有序的关键。

遇到没有做过的事情怎么办?

如果一上班，领导就交给你一个你以前从来没有做过的事情，你如何下手呢?

其实，不管是新员工还是老员工，很多工作都是没有做过的。不管是做策划还是跑市场，所有的工作开始就是要做。做不仅是一种行为，更是一种心态。

领到新任务之后的第一感觉，往往是因为心里没底而产生的恐慌，也就是种种的不敢。

不敢做导致没有做是大多数职场新手容易犯的错误。在没有做过的事情面前，是否敢做是一回事，而如何做是另一回事。当然，很多时候，因为没做过，不会做，所以导致了不敢做，而不敢做又永远不会做。两者的恶性循环，要么让一个人最终什么也不会做，要么在一个没有前途的领域畏首畏尾，走不出来。

要打破两者的恶性循环，首先要解决的不是如何做的问题，而是不敢做的问题。任何一个人，在职场上，都要有起码的勇敢。而勇敢是心态，是情商，而不是智商。

一个名牌大学毕业的高材生，有一天被人发现流落街头，饿得奄奄一息。问其原因，则是因为到陌生的城市找工作的时候，手机被偷了，工作又没有找到，身上的钱花完了，乞讨又没有勇气，只好在垃圾箱里找点东西吃，最后差点饿死在街头。

任何人都不用怀疑这个高材生的智商，问题的关键就在于情商。智商是轮子，情商是发动机，没有发动机的轮子，只能在原地趴窝。

所以，遇到没有做过，不会做的事情，第一点就是要敢做。而敢做并不是逞匹夫之勇，敢做还要会做。

解决新问题最简单的方法，就是先借鉴别人的经验。人之所以是人，之所以有文化和文明，就在于人能够不断地把前人的经验转化为自己的能力，这样一步一步踏着经验的台阶前进。所以，借鉴别人的经验是最有效率的方法。当然，借鉴有很多方式，向有经验的人请教，向身边的同事学习，最起码在网上搜一下，也可以找到很多现成的东西。

经验是别人的东西，在职场上，永远按照别人的现成的东西照葫芦画瓢不会有前途，而经验也只是结果，是所然，而不是所以然。所以，我们要根据所然，找到所以然，这样，从过程到结果，从方法到经验，就全具备了，而我们也在这个方面，由门外进入门内。

我们经常会有这样的困惑：“那些现在在社会上看起来很成功的人士，在上学的时候，智商非常一般啊。”其实我们没有更加深入地分析，如果深入分析一下，我们会发现，那些成功人士，都有必要的勇敢。

只有勇敢才会让我们在职场上破门而入。没有勇敢，我们只能在徘徊在门外。

像解数学题一样解决困难

做事情，如同解题。

回想一下，我们解一道数学题的时候是怎么做的？每道题，都有解决的方法，而我们听老师讲课，做大量习题，目的是什么呢？并不是为了考试的时候能恰巧遇到这道题，我们也恰巧背过了这道题的答案，正好将数字直接抄上，而是为了掌握其一步步的推理思路，重在步骤而非过程。

职场上的问题，也如同解答一道数学题。而职场上，领导的很多指令，也都是一道道题目。如何解答，就显出一个人的功力。

另外，在实际工作中，正确的结果并非一个，而这些合乎条件的结果当中，只有一个为最佳，如果没有一个过程，没有规律作为标准，如何说明自己的选择就是最正确的？

比如，公司要打广告，你负责去联系一家广告公司。有人很快就完成了这个任务，提供了一家广告公司。但问题是：这家广告公司是否是最合适的？有没有更合适的？这一系列问题才是关键。

不负责任的员工，总是先给出一个结果，然后去解释这个结果，而优秀的员工，则总是提供多个可供的选择，进行分析、比较，找出最合适的结果。完成这个任务的正确方法应该是这样的：首先分析自己要的是什么样的广告，要面对什么样的受众，选择最合适的媒体类型，是网站还是电视，是报纸还是广播，然后再在所需的类型里面，罗列出相应的公司，一个个比较，最后确定跟哪家公司合作。

先找准方向，然后寻找结果，而不是根据片面的结果，来确定方向。

按照解决问题的正确方法，不预设，不主观，一步步推理，最终得出结果，这才是最正确的解决问题的办法。

第四章

会方法的人才会工作

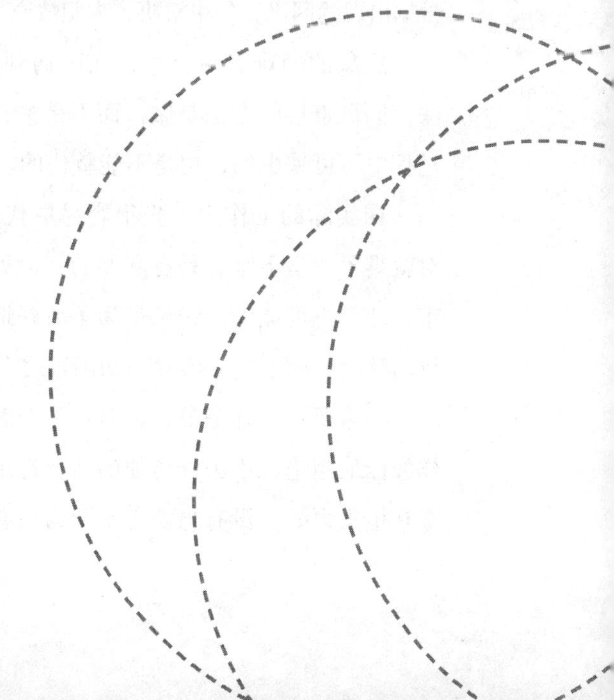

最坏的结果都比无谓的纠结要好

一个下雨天，有三只猴子找地方躲雨，忽然他们发现了一座房子，但房门关着。三只猴子于是在雨里讨论，看怎样才能把门打开。讨论了半天，也没商量出一个好办法，这时，雨停了，忽然刮过一阵风，把门吹开了，原来门没锁，一推就开。

一家公司，要开拓某地的市场，然后开始组织讨论，越讨论问题越多，问题越多越讨论，一个月下来，没有行动不说，大家在反复的讨论中，士气低落。于是换了一个领导，这个领导没有多好的办法，只有一点：停止讨论，找一个能做的点开始做。开始做之后，出现了一些意想不到的、在原先讨论时根本没有的困难，当然，原先讨论时的大部分困难也没有出现。然后，根据出现的困难，集中解决，大胆放弃，又一个月过去了，市场就打开了。

想象的困难有一百个，实际遇到的可能只有一个。解决困难是需要方法，但最直接的方法是做，而不是整天坐着讨论。做和坐，都是解决困难的过程中不可缺少的，也是不能替代的。

在实际的工作中，坐很容易取代做。坐下来，相对容易，做起来，相对就难了。坐下来，是有必要的，但如果想通过坐下来讨论，从而解决了困难，却是不可能的。讨论是为了更好地行动，而不是取代行动。困难是要靠行动解决，而不是要消除一切困难之后才去行动。

经常听一些业务员在诉苦：一个客户，如果去拜访他的话，他可能会怎样怎样地拒绝，不去拜访他的话，肯定会失去这个机会，该怎么办？人总是富有想象力的，没有想象力是因为没有遇到可能的危险和困难。但想象力又无限地放大了危险和困难的程度，让人像老鼠遇到猫一样，在战战兢兢中甚至放弃了逃跑的机会。

解决这个问题最简单最有效的办法是去做，而不是空想。做了之后，接受结果，哪怕是最坏的结果都比不做而无谓地纠结要好。

对一个国家来讲，空谈误国；对一家公司来讲，空谈误事；对自己来讲，空谈害己。孔子曾经说过：“其言之不怍，则为之也难。”曾经认识一个年轻人，经常听他激昂文字，指点江山，很多事情也说得入情入理，当时觉得他很有本事，对他一直没有得到重用也有几分同情。但一个同事告诫我：“其人言过其实，未可大用。”但终于忍不住，一次让他负责一个展会的策划，没想到他做得比“马谡守街亭”更让人无语。但马谡还知道错误，而后来问他原因的时候，他的解释基本可以分为三点：有些事情不能做，有些事情没法做，而又有些事情不屑做。

不能做、没法做、不屑做，总之是什么都做不了。

现在仍然是一个流行偶像崇拜的时代，所以，听到最多的是大话连篇，一旦想找一些真正能做点实际工作的，往往会被如此轻蔑地拒绝：别异想天开了，这个也能做？毕竟，意淫是不费力气的。

跑得要快，还要别人能跟上

一个人不能太超前，带头可以，但要时常看看自己的后面别人跟上来了没有。

有个朋友在谈起新行业运营的时候，曾经说过这样一段话：在开始一个新项目的时候，要看之前有没有人在做这件事情，看看现在有多少人在做这件事情。如果有人做着或者做过，那就要考察他们在哪里做，怎么做。如果没有人在做，就要考察这件事情没人做的原因是什么。别人成功的经验可以不借鉴，但别人失败的教训，一定是自己宝贵的财富。

对一个项目做出这样的考察，还有一层深意：不是所有超前的东西，都是现在努力的方向，太超前跟太落后一样不合时宜。

有句话叫“来早了不如来巧了”，很多事情，做晚了，就没有机会了，但做早了，时机同样不成熟，所以，当开始走进一个新行业的时候，一定要正好踩在步点上。在博弈论（Game Theory）经济学中，“智猪博弈”是一个著名的纳什均衡的例子。假设猪圈里有一头大猪、一头小猪。猪圈的一头有猪食槽，另一头安装着控制猪食供应的按钮，按一下按钮会有10个单位的猪食进槽，但是谁按按钮就会首先付出2个单位的成本，若大猪先到槽边，大小猪吃到食物的收益比是9∶1；同时到槽边，收益比是7∶3；小猪先到槽边，收益比是6∶4。那么，在两头猪都有智慧的前提下，最终结果是小猪选择等待。很多行业的开创者，并不最终是这个行业的受益者，相反，虽然开创者耗费了大量的人力物力，但最终获益的有时却是跟随者。一个行业的先驱并不好当。

行业如此，在公司中很多行为也是如此。有些人的想法很好很正确，但提出的时候也要瞅准时机，时机不成熟，提议也会遭到否决。任何时候，都不要以为自己思路创新而沾沾自喜，如果认不清形式，跑得太快，反而会成为先驱而牺牲。

一个人不要跑得太快，跑得太快，别人跟不上来，自己就成了先驱了。所以，开创性的工作，很大的精力要花费在条件的准备上。包括各种硬件的准备、人才的培养。“理论一经群众掌握，会变成物质力量”，在进行一些开创性的工作的时候，先用理论掌握群众，不仅能减少反对者，而且能找到同盟者。

所以，在创新上来不得清高，要让别人跳起来就能够得着。

公元500年，希伯索斯（Hippasus）发现了一个正方形的对角线与其一边的长度是不可公度的（若正方形的边长为1，则对角线的长不是一个有理数），这一发现与“万物皆数”的哲理大相径庭，并引起了当时学术界的恐慌，最终他们杀死了希伯索斯。任何一个理论或者一个行为，如果超出了人们当时的接受能力，都会遭到反对，即便这是真理。

在公司中，我们经常会听到某些人在说："我早就说过应该这样做，但领导就是不听，你看现在可好。"这人的话即便属实，其先见之明也是没用的，因为认识，只有真正落实到行为上，才会产生作用。所以，他们的这种先见之明是无用的，因为他们没有准备好条件，让这些思路得到落实。

要把事情做好，而不是把事情做对

要时刻想着，如何把事情做好，而不是如何把事情做对。

把事情做好，和把事情做对，听起来好像是同一个问题，其实不然。这两者所带给人的心理上的压力是截然不一样的。

在职场上，遇到一件非常棘手的工作，有些人在做了各种应该做的努力之后，说："剩下的就顺其自然吧。"顺其自然，就是暂时把目标放下，把任何一件事情或一个目标背在身上都是一件很累人的事情。能让自己不再把目标记挂在心上，是非常重要的一件事情。

顺其自然并不是听之任之，前提是在各个过程当中已经实现了最优化。

有些人遇到事情，总是急急忙忙，总是愁眉紧锁，而有的人不管多大的事情，总是气定神闲。这两者最大的不同，是前者总把整个事情背在自己身上，而另一种人则做了自己该做的事情之后，把剩下的事情交给时间，交给老天爷去解决。

每时每刻，做该做的事情，这是想把事情做好，每时每刻，都放心不下自己的工作，这是想把事情做对。想把事情做对，往往会出错，因为过程当中有太多压力；而想把事情做好，往往能把事情做对，因为每个环节都已经做到了极致。

常常为工作犯愁，为工作焦心的一个重要原因，就是从来不知道明天会怎样，不知道自己的前途在哪里。未来总是越来越沉重地压在自己心头。

未来的危机对现在的威胁，不是因为未来的问题，而是因为现在出了错误。相对于未来，现在是一个过程，因为没有把握好现在这个过程，未来自然就岌岌可危。

而对于未来，之所以急急忙忙找一个方向，或者找到一个确定的支点，是因为总要强迫自己把事情做对，但如果现在都做不好，自然也无法让未来做对。即便未来有了一个诱人的目标，这个目标也不会让现在变得轻松。因为让人生迷茫的，不是没有目标，而是没有通向目标的切实的过程。有了切实的过程，即便没有明确的目标，人生也不会迷茫。

一个人在路上，但不踏实，是不知道现在走的是否是正确的路，并非是没有目的地。如果现在走的是正确的路，就不会有所谓的不踏实。

把目标放下，一切顺其自然，工作就会轻松很多。

担心，是因为心里没底

一个刚参加工作不久的小姑娘抱怨：每天工作时间不是很长，工作也不是很累，但每到周一就盼望周末，每天早上要到公司的时候，就莫名其妙地恐慌。同时她自己也承认，并不是所有时候都是如此，有一次，领导安排了一项工作，让她制定一个客户名单，刚开始的时候没有头绪，当然工作也持续是这种状态，后来在反复的沟通中，她终于明白了找客户的标准和方法，那段时间不仅没有对工作的恐惧，反而每天都盼望着上班。

掌握工作的标准和方法，看似简单，做起来却是很难。人习惯性的思维是一旦接受某个任务之后，老是想如何解决掉整个任务，这里面就会有两个问题：第一，怎样才算完成了这项工作，或者说怎样才算把这项工作做好。这是一个判断，而有判断，就应该有标准。但一个人刚接到任务的时候，更多想到的是老板严厉的目光和苛刻的要求，然后就有了完不成会挨批的恐惧。一个任务，更多的从感性上把握，而没有从理性上落地，如此一来，不管领到任何任务，都会感到无穷的压力和莫名的恐惧。第二，如何完成这项工作。任何工作，要想完成得好，都是有一定规律可循的。在职场上，很多人会陷入工作的两难。如果这项工作是原先做过的，这次做起来轻车熟路，则没有意思。如果一项工作是全新的，对自己就是一个挑战。任何的挑战都意味着一定的困难和危险。在任何的困难和危险面前，都不能选择退却，因为一旦退却，就会失去了信心和勇气，就会失去了解决困难和危险应有的理智，人也就彻底失去了解决问题的能力。

在接到任何工作的时候，一定先要弄清工作完成和做好的标准是什么，要把标准掌握在自己手中。在实际的工作中，谁掌握了标准，谁就掌握了话语权。即便这个标准是由客户、由领导制定的，自己也要弄清，只要弄清了标准，自己也就算掌握了一定的话语权，这样，即便工作在完成之后，领导会有这样或那样的不满，但自己也完全可以拿出标准，有标准，就能衡量，对错就成了客观的，而不是仅凭领导或客户主观的喜好来判断。

比如做一个设计方案，如果自己没有掌握标准，那所有的设计，都是像赌博一样去迎合客户或领导的喜好。但如果自己在做设计方案之前，把设计的目的，针对的人群，以及应该实现的效果弄清楚，这个方案的标准就有了，一旦有了标准，方案的好坏就是客观的了，这样即便别人对这个方案否定，自己也完全可以据理力争了。

接下来就是方法，还以设计方案为例，只要确定了标准，然后像如何收集资料，用什么样的表现手段，怎样搭配文字，这些方法性的东西就要确定，标准和方法一旦确定了，设计案即便还没有做，也已经成了客观的东西，已经从想象落地了。

一项工作，已经有了解决的方法，已经解决了别人对工作的刁难，这项工作就不再是悬在那里，而且时刻都让人担心的麻烦了，这个时候，心里就有底了。

要未雨绸缪，但不要杞人忧天

凡事要有计划，但不要做没用的计划。

谋事在人，成事在天，谁都不知道明天到底会怎样，更不要说若干年之后了。

一件事情，如果不做任何计划，会让自己茫然且没有头绪的累，如果一个人做了太多的计划，同样会因为把太多的未来放在身上，而感到很累。

计划，分为事内的计划和事外的计划。事内的计划，说白了就是对当前的这件事怎么规划时间去完成。而事外的计划是在未来的某个时间段针对某种突发情况该怎么做。

两者貌似相同，其实不然，事内的计划，是把确定要实现的某种目标，分解为确定的行为，根据时间确定下来，因此是一种放下，这样，就不必把目标时刻背在身上。事内的计划，是以确定的事为前提，用步骤来配合时间。而事外的计划，并没有确定的目标，目标是游移的，却还要根据未来的某个时间，完成某项工作，因此是把未来背在了身上，如果是在筹划未来要出现的某种后果，则可能还会造成人生的恐慌。

最常见的事内的计划，就是对既定工作的计划，而事外的计划，则经常让我们喘不过气来，诸如“假如我失业了，应该如何应对”这类，由前提不确定的东西，引申出来的所谓的计划。

在职场当中，让我们辗转反侧睡不好觉的，是没做好事内的计划，或者说做过多事外的计划。

做好事内的计划，让人跟着事走，按照事的步骤和逻辑，省掉不必要的思索和猜测。当然，一味跟着事走，也不会让事情做好，做事情要有预见性，所谓的预见性，是指基于目前现实的条件，做可能的预计。事内的计划好把握，事外的计划就不好把握了。

做事外的计划最容易犯的毛病就是杞人忧天。“人生无百年，常怀千岁忧。”这时，人所犯的错误就是根据一点或两点主观认为的“隐忧”，做没有逻辑根据的推理。比如，现在很多家长，从孩子一出生开始，就开始害怕“输在起跑线上”，于是努力设计孩子的人生，并根据这种设计，安排孩子的一切。这种计划先不说有没有必要，关键这种计划不现实。

没有人可以计划另一个人的人生，家长固然可以以孩子出生作为原点，以自己对其期冀的某种目标作为终点，画出一条“成长轨迹线”。但这条线是不现实的，因为孩子不一定喜欢，既然孩子不喜欢，这条线就是不合乎逻辑的。当然，家长对孩子的未来也并不是一点都不该计划，但计划必须是基于现实基础上的，比如，一个家长可以就孩子的健康计划，就健全孩子素质做出计划。计划必须是现实的，可实施和监控的，就这点来讲，所谓事外的科学的计划，也可以算作事内的计划。

人要未雨绸缪，但不要杞人忧天。

正确的行为形成习惯才有用

早上去公交站牌发报纸，跟我搭档的是一个学生，他第一天发报纸，难免有点拘谨。虽然能把之前交代的一些发报纸所用的常用语用得比较恰当，但难免有点僵硬，尤其重要的是，过了一段时间之后，我粗略地算了一下，经他手发出的报纸，顾客接受率要比我的低很多。我很纳闷，仔细研究了一番之后，得出一个结论：接受率低跟他抬手的高度有直接的关系。他拿一份报纸之后，不是主动递给乘客，而是把手耷拉在那里，这样就成了是被动地等乘客过来拿报纸，而不是主动地给乘客发报纸，而这一抬手的距离，就导致了发报的成功或失败。

还有一个人，开了一间药店，最初开店的时候，他意气风发，找了一个黄金地段，租了一间大房子，并进行了装修，但开业之后，效益并没有想象中的那么好。后来，他请教一个前辈，前辈很简单地给出了答案："你这样做会让人误以为店大欺客。"他的店主要是面向一般百姓的，他把店面弄得很大，就无意当中给了人这样一个信号：店里的药很贵，因为门面代表了实力，而实力一般与价格有关。在简单的常理性推断之后，一般的百姓选择了离开。就如同下饭馆，在选择的时候首先看的是门面。

在商业运营上，定位是很重要的。在第一则故事中，由于很小的距离上的差距，就造成了予与取这两种相反的状态，定位自然也产生了变化。在第二则故事中，由于某种自以为是的因素作怪，针对的人群与所传达给消费者的信息产生了不匹配，所以，在某种程度上把顾客拒之门外。

"人无我有，人有我优。"这种思路已经过时了，只要大胆，只要敢干就能发家的时代已经过去了，在微利时代，企业之间的竞争已经白热化，而企业之间的竞争也成为细节之争。一个好思路吃遍天下的时代已经一去不复返了。不管是企业的运营还是行业的选择都日渐精细的时候，竞争逐渐成为运用在管理和运营上脑力的打拼。当然，随之而来的还有文化的竞争。产品与服务的质量，已经不再是竞争的壁垒；当前面两者都做到了之后，只能是人优我细了，也就是在细节上不断打磨，在细节上超越，当然，这还不是终结，最终要致力于形成自己特有的文化。

以肯德基、麦当劳为例，虽然，它们的管理与运营已经不是什么秘密，但不论从店址的选择，内部管理的规范，都有自己的一套标准体系，经过在细节上的不断打磨，已经形成了它们独有的文化。而文化，又成了其他企业无法复制和逾越的壁垒。

细节要成为文化，就是要把一些正确的东西，养成习惯。就如同接受别人帮助的时候，非常自然地说："谢谢"，打扰别人的时候，脱口而出："对不起"。而不是临到要用的时候，再搜肠刮肚地去想合适的措辞。

一个员工是否成熟和优秀，也不在于他能做到什么，而是要看他有多少正确的行为已经形成习惯。

99.9%的可能，也不是现实

煮熟的鸭子也会飞。只要还没有发生的事情，就不是现实。

朋友做生意，从年初到年中，形势一直很好，中间几次见面，朋友都志得意满，觉得今年不只是"多收了三五斗"，而是赚得盆满钵满。可就在年底，风云突变，受国家宏观调控的影响，形式急转直下，朋友赶紧撤资保本，但为时已晚，最后血本无归。

职场也是如此，从形势一片大好，到形势不可收拾，中间可能差不了几天的时间。人算不如天算，现在的风和日丽，说不准过一会儿就是大雨倾盆。

这一切如同《三国演义》中著名的一幕。诸葛亮费尽心机，终于把司马懿围困在山谷中，点起一把大火，本以为这一回司马懿插翅难逃了，谁知道风云突变，天降大雨，大火被浇灭，司马懿死里逃生，诸葛亮仰天长叹："谋事在人，成事在天。"

工作这么多年以来，无数次的经验已经证明，只要还没有成为既定事实，就还有无数种可能，当然，这些可能是自己从来没有想到过的。这无数的可能就导致了这样一个结果：本来以为板上钉钉的事情，自己也已经为即将到来的结果做好了各种期待，等到临了，风云突变，煮熟的鸭子也飞了。

煮熟的鸭子怎么会飞呢？不知道，因为我现在也无法想象。但如果以为煮熟的鸭子不会飞，可能有一天你就真的发现，煮熟的鸭子飞起来了，至于到底是怎么飞的，只有到了那时才会知道。

一笔业务，即便已经签了合同，也不一定能成，只有钱实实在在装在自己兜里的时候，才算真的成功；一样工作，自己费了九牛二虎之力，不一定会得到老板的表扬，相反还可能会遭到激烈的批评，至于原因是什么，只有到时候才知道……自己在被无数次的"本以为"忽悠过之后，到现在甚至形成一种宿命的念头：任何一件事情，如果在没有成功的时候，先作为一个好消息告诉别人，那么十有八九不会成功。

飞机在飞行和降落的时候最容易失事，一件事情，最容易在将成为事实的时候失败。

在没有成为既定事实之前，一切都会改变，即便有99%实现的可能，也不要列为计划所能依靠的条件。如果把某件将成的事情，作为决定的依据，有时会让自己输得很尴尬。一次找工作，终于找到一家心仪的公司和一个心仪的岗位，并很快与这家公司达成了意向，于是辞掉了所有其他公司的面试邀请，等着到这家公司去上班。谁知，由于此公司战略的改变，他们已经不再需要招人。

无法准确预期的结果，也会给职业生涯带来好处：工作干久了，最容易让人疲惫，甚至会对自己的未来产生绝望："难道我一辈子就这样下去？"如果不愿意，也实在想不出还有什么能让自己改变。别着急，职场喜欢跟人开玩笑，在自己绝望的时候，它就会以某种想象不到的方式给你一个惊喜。

天上真的能掉馅饼吗？不能。当你真的觉得不能的时候，你会发现，天上真的掉了一块馅饼，正好砸在自己的头上。

不要患理想洁癖症

理想之于人生，总显得很重，重到能把人压死。

人没有理想不行，但有理想也不一定是好事。比如，有人请客吃饭，客人都以为会是一顿大餐，结果那人约着众人去了一家小面馆，吃了一顿面条。本来，面条与大餐本身是没有失望与希望的区别的，但一旦把大餐作为理想的标准，而最后端上来的是面条的时候，就会有反差了。当然，如果没有吃大餐的理想期望着，吃顿面条也是不错的，但因为有了理想，面条就贬值了。

理想改变了人的价值判断，而价值标准提高到不切实际的时候，也让现实变得不堪。所以，如果不能正确对待理想，就容易让人拈轻怕重，甚至自暴自弃。

理想本来应该是抬起头来看的，而不是以此为标准来衡量现实的。但很多人自然是没有认清这两者之间的区别，把理想作为标准，来衡量现实当中的一切。所以，当理想丰满的标准，放到骨感的现实当中的时候，只能看见满大街的赵飞燕，自然寻找不到理想中的杨贵妃。

在职场当中，很多人自然就犯了这种理想洁癖症。而这种病症表现，就是对所有的人和事都看不过眼，而期待自己的理想，会有一天会驾着五彩祥云，从天而降。这种理想躁狂症，让人耐不住工作的寂寞，急功近利，总想省略掉漫长而无聊的过程，一下子到达理想的彼岸。

其实，理想把握不住，就是好高骛远。

好高骛远就是时刻把理想背在身上，摆在面前，如此，理想不仅成了压力，而且会遮挡住应该望向现实的视线。理想不是背在身上的，而是要放在远处的。不管是把理想作为尺子来衡量现实，还是想急功近利一夜暴富，都是把理想背在了身上。

要丈量一公里长的路，不是非得找到一把一公里长的尺子；要想实现自己的理想，也并不是非得整天抱着理想观摩。理想需要分解到现实的尺度，才能真正产生价值。如果一个人的理想不能分解，那么理想就只能成为一个吃不下、抱不动、拿不走，只能压得自己喘不过气来的负担。

东汉时期，有一个名叫陈藩的少年，自命不凡，想成就一番大事业。有一天，他父亲的朋友薛勤来访，见他的屋子脏乱不堪，便问他：“你怎么不打扫你的屋子？”陈藩答道：“大丈夫处世，当扫天下，安事一屋。”薛勤当即反问道：“一屋不扫，何以扫天下？”陈藩无言以对。

同样是在东汉，有一个人叫班超，年少家贫，只好替人抄书度日，少年有大志的他，一天终于忍不住了，把笔扔在地上说：“大丈夫无他志略，犹当效傅介子、张骞立功西域，以取封侯。安能久事笔研间乎？”后立功西域，封定远侯。

同样是因为理想而放弃现在的工作，然而一个得到批评，一个得到肯定，本质的区别在于：陈藩是用理想的远大，否定了生活必要的细节；而班超当时所从事的工作，与他的理想根本不沾边，所以，他放弃了当下的工作，回到了实现理想的轨道上去。

一个真正有理想的人，不仅尊重自己的理想，更尊重实现理想过程中的现实；一个貌似有理想的人，只认得虚幻的理想，而用这种理想，来作为日常工作生活中消极懈怠的借口。

要求过高，反而做得不好

接到同样一件工作，不同的人对待的态度不一样：有一种人，把所有困难都想象一遍，把所有不可能完成工作的条件也都论证一遍，最后告诉自己，这件事情自己做不了；还有一种人，接到一项工作的时候，总想把它做到最好，就如同拿到一个作文题目，总想把它写好，但这样写，觉得不理想，那样写，也不合适，最终，在稿纸上的还是一个题目。

这两种想法，表面上看起来差别很大：第一种想法，总把自己往坏里想，把自己想象得一无所能，所以，遇事拖延；第二种，则把自己想象得太好，总想着把事情办好，最终导致标准太高，最终没有行动。

但实质上来看，这两种想法在思想根源上具有一致性：那就是把工作的标准和要求制定得超出了自己的能力。这两种想法，都是先定出一个标准，然后，根据这个标准来安排自己的行动。就像先在墙上画上一个点，然后朝这个点射击，击中这个点才算成功。如此高的要求，自然让人迟迟无法行动，或者局限在一个阶段，不断地更改做法。

工作要有标准，但标准又分为阶段性的标准和总体的标准。就像要爬上30层楼高的大厦，电梯坏了，就不要老是等电梯修好的时候再爬，也不要总想着怎样一下子到达楼顶。也不要非得一步迈上十个台阶才行，只要一步一个台阶，慢慢来，最后总能到达楼顶。

把按结果定的标准拿到过程和步骤中来，自然会因为衡量的误差而显得自己一无是处。

对于标准，不仅要学会分解，而且有时候要知道放低标准，甚至要放弃标准。走过独木桥的人，都会有体会：独木桥难过，是因为步伐被限制在了一条直线上，因为有了这个限制，所以走起路来就不稳当了。

每个人都有这样的体验。我们到了一个新地方，或者见自己的领导，总会莫名地紧张，总想把一切都做好，总想着不要出错，但越是如此，越容易出错。该说的话忘记了说，该做的事情没有做好。表情僵硬，动作失准。总之，一切都不是自己本来的水平，甚至表达的都不是自己的意思。之所以会出现这样的问题，是因为自己潜在地对自己要求太高了，从而刻意做作，失去了自然协调。

在这种情况下，有标准了，反而不会做了，标准越高，效果越不好。

如果一个人在工作中遇到这样的情况，只能在心理上给自己降低标准。除此之外，没有别的办法。降低标准，并不是放弃高的追求，而是给自己一个较低的台阶，先让自己迈上去，逐步达到应有的高度。必要的时候，更要能放弃标准，顺其自然。

太追求完美，有时纯粹是画蛇添足。

生活一小步，职场一大步

有一个年轻的朋友，有一段时间，工作状态很不好，经常挨领导批评，精神状态也越来越差，以至于最后都对这份工作失去了信心，打算要辞职。我当时很不理解，因为以我对他的了解，他不论工作能力，还是工作态度，胜任那个工作都绰绰有余，不可能会出现力所不及的情况。

在仔细询问并考察了他的情况之后，我给了他一个解决办法，办法很简单，那就是：每天11：00点前睡觉，每天6：30点前起床。

他对这个办法半信半疑，但我告诉他先坚持半月再说。半月之后，他给我电话，说没想到这个办法真的管用，他现在不论工作质量还是工作状态，较之前都有了很大的不同，心情也好了，这半月时间，领导几乎没再找自己麻烦。

不过他不明白，就生活习惯上的这种小的调整，怎么会把自己凌乱的生活理顺了。其实，看似这种作息习惯，与一个人的工作没有太大的关系，其实不然。之所以每天要11点之前睡觉，这个自然有科学依据。而所有问题的关键就在于这个睡觉的时间。

只有坚持11点之前睡觉，才有可能6：30起床，如果晚于11点睡觉，在6：30之前起床就有困难。如果不能在6：30之前起床，为了赶时间，很可能就没有时间吃早饭。没有时间吃早饭，就会影响到整个身体状态。而身体的状态，直接决定着一个人精神的状态，如果再加上睡眠不足，工作的质量自然就会下降。而工作，尤其是一些需要智力投入的工作，一旦精神状态不好，不仅会导致工作效率降低，更关系到很多方面的工作质量下降，甚至有些工作根本完不成。

可见，一个人的生活习惯，对一个人的工作状态有直接的影响。这些影响到了一定程度，甚至可以决定一个人工作的整体状况。

这个并不是个例。我曾经带过一个业务团队，团队里都是年轻人，并且住在一起，他们都喜欢打游戏，所以，11点之前几乎没有睡过觉。我了解情况之后，对他们提出了唯一一点要求：11点之前必须睡觉。他们当时不解，甚至有点反感，甚至有人当场跟我提出，11点躺在床上也睡不着。但我没有理会，而是作为一项硬性的规定，强制执行。执行了一个月之后，业务量竟有了意想不到的提高。

很多年轻人有时候会莫名其妙，忽然会有一段时间，会对一切工作都失去兴趣，心情也特别不好，对工作和生活甚至莫名其妙地绝望。整个生活失去了应有的秩序，好像不论自己怎么走都踩不到点上。很多人把这归结为工作压力太大，或者工作太累。当然，有些类似的情况确实是由工作压力过大，或者工作太累引起的，但大多数这种情况，则是生活作息不规律的结果。

工作和生活是紧密联系在一起的，没有生活的秩序和规律，就没有工作的秩序和规律，整个生活就会踩不到点上。

第五章

品质是最稳妥的保障

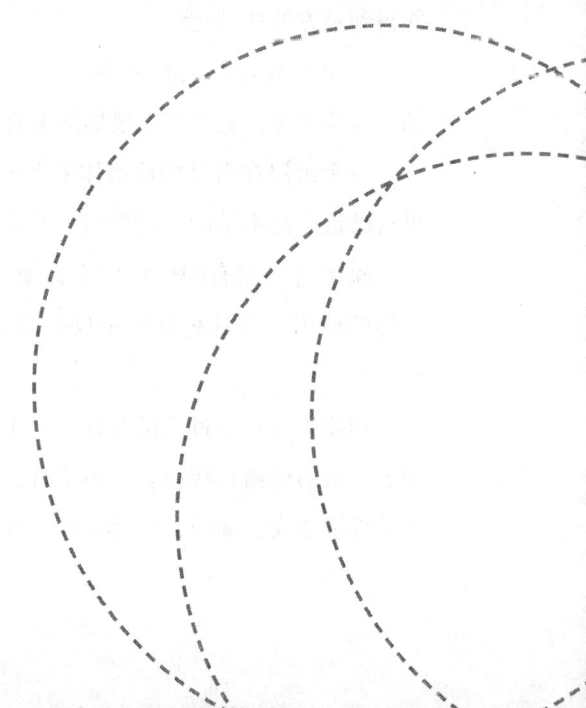

能换位思考是格局，会换位思考是智慧

在开会的时候，经常见到这样一种情形：在同一件事情上，彼此争论不休，达不成一致意见，如果仔细听一下，有时会发现一个可笑的问题，虽然几个人争论的是同一个问题，但对问题的着眼点却是不一样的。

比如，讨论的都是同一个人，有人说了，这个人不高，另一个人说，这个人很胖。于是，这两个人彼此都认为对方不同意自己的意见，于是开始激烈争吵，当然，像这种分歧，争吵是永远不会解决问题的。

要解决这种不必要的争吵也很简单，就是彼此要学会换位思考。

任何的思考，都是从一定的情境出发，并以在此情境下形成的标准来衡量对错的。如果双方所处的情境不同，判断对错的标准都不一样，又怎么可能得到对方的认同呢？

一个人戴着红色的眼镜，看一堵白墙面，一定固执地认为墙面是红色的，换位思考，就是把眼镜摘下来看看，墙面是否还是红色。

一个沉浸在自己的价值体系当中的人，自然有着固执的偏见，而这种偏见自己是浑然不觉的，就像疯子不承认自己疯，醉酒的人不承认自己醉。

跳出自己固有的价值体系，换一种眼光，换一个角度，自然就能获得另外的认识。而这种认识不仅是对自己认识的丰富，有时候还可能是一种纠正。

当跟别人产生冲突的时候，一定要站在别人的位置，看看对方是否真的错了，错的话错在哪里。而不是自己尝了一口菜，觉得菜太咸了，而另外有人觉得不咸或者偏淡，就觉得对方错了。

换位思考，还有一种重要作用，就是知己知彼。或者说，要做到知己知彼的一个前提就是换位思考。比如下棋，真正会下棋的人，一定不是只顾自己走自己的，而是要知道自己这步棋下去之后，对手会怎么走，也就是必须要站在对方的立场上，换位思考。在职场上，也不能只闷头工作，不管周围的人怎么想、怎么看，而要知道别人怎么想、怎么看，当然就要换位思考。

要想了解领导的心思，就必须站到领导的角度；要想了解同事对自己的看法，就要站在同事的角度；而要看消费者是否满意自己的产品，就要把自己当作一个消费者。

能否换位思考，展现的是一个人的格局，那些只是靠自己的喜好，凭一时冲动，或者只顾闷头干活的人，是没有这种格局的。而换位思考的是否深入，则展现一个人的智慧。

只有既有格局，又有智慧的人，才能下好自己职场的这盘大棋。

想进门，总得有敲门的勇气吧

2011年1月19日（当地时间），白宫举行中国晚宴，邓文迪被邀请参加。很多人曾分析过邓文迪的成功，这个毫无家世背景、绝对算不得漂亮的广东女人，如何会成为世界传媒界最有权势的人物之一默多克的第三任妻子。

有过冲浪经历的人都知道，当一次次被浪打到海底的时候，那种将要窒息的感觉不仅让人心生绝望，而且对空气充满无限的向往。一个人想要成功，对于出现在生命中的机会，就要像一个将要溺毙的人对于空气一样敏感与渴望，同时，还要有足够的勇气抓住它。显然，邓文迪就是有这样的能力的人。

对于邓文迪是如何成功的，坊间有无数个版本，但有一点是共同的。邓文迪的同事形容，邓文迪经常会毫不犹豫地、不声不响地走进高级执行官的办公室，同他们进行讨论并提出大胆的建议。

与其说机会是给有准备的人的，不如说机会是准备给有勇气并一直在努力着的人的，在竞争日益激烈的现代社会，已经没有太多的时间让我们从容准备。但是，客户的门只向能主动去敲的人敞开，上司的门也是，成功的门又何尝不是如此。

看别人的成功很简单，而自己的成功总是很难。在通向成功的路上，我们缺的是引路人，但我们偶遇的时候，却总会脸红心跳，喉咙发干，让自己曾经无数次在无人处演练过的话语与风度荡然无存，这个时候，我们最缺乏的，就是勇气。敲开老板的门，告诉他自己的想法；与任何一个见到的人介绍自己，让对方记住自己……需要的不是别的，只是勇气。

勇气就只两个字，成功有时也只是一层窗户纸，但我们又不得不承认，咫尺即是天涯。经常听人兴致勃勃地评价某人的成功，比如，我就曾经亲耳听说过这样一个例子：一个如今有几十亿资产的做文化产业的老板，当时他在我们班学习最差，他复习了N年之后才考上大学，刚开始的工作也不如意，但后来不知怎样，同学当中，数他混得最好了。这样的例子我们其实还可以举出很多，比如曾国藩，我们也完全可以用这个傻小子的例子对号入座，资质一般，考学的时候比别人慢了几拍，刚开始的工作不容易，后来让这小子抓住了机会。

很多聪明人完全可以带着几分不屑，无关痛痒地来评价这样的成功，但从这个成功的模式中，我们完全可以推理出，他们成功的关键必然有这样几点：学业上的失意已经无需让他们证明自己天资的一般，所以，他们一般低调而谦虚，低调而且谦虚让他们养成勤奋的习惯，因为只有这样，才能赶上别人。屡次的失败，不但使其养成坚韧的性格，而且让他们对每一次能够改变命运的机会都非常敏感，并且格外珍惜。所以，他们比其他人更容易成功，或者说，这样的人必然成功。

在成功的道路上，唯有聪明是最不可靠的；唯有卖弄和侥幸之心是最不可取的。谦虚、勇气、坚韧，这才是成功者必备的能力。

认错+改错=格局+智慧

一家公司由于决策的失误走到了破产的边缘，按照正常的思路和做法，公司领导会承认错误，痛改前非。但事实并非如此，虽然领导也貌似做出了一些自我批评，但比如领导力不足、经验不够等这样根本性的问题，却一点都没有触及。本来公司还有起死回生的希望，就因为知错而不认错，公司失去了最后的机会，破产了。

很多人都不理解：错误明显地摆在那里，谁都知道，也都明白；正确的道路也摆在那里，走到正确的路上也不难，为什么他们眼睁睁看着公司走向毁灭？

承认错误真的很难。真正承认错误不仅是需要勇气，更需要格局。

试想一下，如果让自己承认真的不行，自己能否做到？当然，每个人都会无关痛痒地说上无数个自己的弱点和缺点，但可以肯定，这些貌似谦虚的自我批评和自我揭露，大部分就像“我这个人最大的缺点是工作太努力，不注意身体”或者“作为一个男同志，不注意关心和照顾女同志”般无关痛痒。

真正的主动改正错误，是从自己引以为豪的那些东西，从自己的优势对自己下手，改正错误是要触及内心的。而这不仅需要有一定的勇气，更需要有一定的格局和智慧。

在这方面，刘邦和项羽就是相反的两个典型。

刘邦虽然有流氓习气，但刘邦是善于承认错误的一个人，在不如别人的地方，他勇于承认，对一些错误，他也不掩饰。这样的结果是非常清晰准确地给自己和他人定位，如此，正确的决策和安排才有了可能。而项羽在这方面则差得远。史书上从来没有见项羽承认自己的错误，直到最后兵败自杀，也把责任推给命运："天亡我，非战之罪也。"为了固执地维护自己的虚假形象，拒不承认错误，只有在错误的路上，一直走到灭亡。

一个能做大事的人，需要的是格局，尽管历史上对刘邦和项羽的是非众说纷纭，但从格局上来讲，项羽显然输了刘邦一筹。

如果刘邦追求的是如何把事业进行到底，项羽追求的则是如何维护自己的英雄形象。所以，刘邦把自己也作为整个事业当中的一颗棋子，项羽则把事业当作维护自己形象的一颗棋子。这两个人谁能最终成事，也就显而易见了。

虽然几乎所有的老板都会说，为了自己的事业可以牺牲很多，但真正要让自己牺牲形象，从根本上否定自己的时候，他们就犹豫了。

每个人内心都有一个自信的底线，要想逾越这个底线，让他承认自己不行，是很难的。尤其当一个人就只有那么一点自信的筹码的时候，对其更是脆弱而敏感，自然不会轻易让别人触碰。在近乎病态的固执中维持一种偏执的完美，他自己就只能固步自封，在自我封闭中自我欣赏和自取灭亡。

对失败的浪费才是最大的浪费

一个事业成功的朋友，谈起自己这些年的经历，最大的感触就是对自己方向的坚持。成功并不是一朝一夕就能实现的。或许，一个人一生追求都不会实现。

电视剧《人间正道是沧桑》中瞿恩曾经说过这样一句话："理想有两种：一种是我实现我的理想，一种是理想通过我实现。"作为普通人，我们无法期望理想通过我实现，我们只能期望我实现我的理想，但理想的实现是要经历失败、失败、再继续失败的。成功不需要太多，只要一次就行。但仅需一次的成功，想要抓住却是无比的困难。从失败到失败，不是简单的重复，也不是简单的量的积累，而是要实现自我质的飞跃。

而我们在实现理想的过程中，需要不断去做的，就是要不断地在失败后进步，失败的代价如果不能换来进步，才是最大的失败。

失败最大的困难并不在于失败的结果对自己的影响，而在于失败在自己周围掀起的波澜。失败与成功并不只是自己的事，而且很多人在盯着你。更多的人关心的并不是你的长久的发展，而是你现在的处境。一旦失败，总会有人出于好心或恶意地批评你，不管你曾经做过什么，都是对你今天所犯错误的注解。

没有人需要为你的失败负责，也就没有人会为你的失败思考。即便有人曾经思考过，也不会如你一样透彻。因为自己才是最大的利害承受者，而对失败的反思要想转化为进步，必须是深入骨髓的。这种反思只有自己才能做，也只有自己才能做到。

如果失败了，不要抱怨，不要发牢骚，即便有无数个理由可以把失败归咎于别人，即便也说服了自己，说服了别人，失败不是自己的错，但最终对失败负责的，还是自己。

在唠唠叨叨的推卸责任中，得到的是不负责任的宽慰，失去的是自己改进的机会。得到的是对过去的失败的原谅，失去的是下一次成功的机会。

清朝张潮在其《幽梦影》中说道："景有言之极幽，而实萧索者，烟雨也；境有言之极雅，而实难堪者，贫病也。"

人生的个中滋味，只有自己知道，人生的一切成败，只有自己负责。

行为的对错，在过程中就要判断

固执和坚持从表象上来看，很难把二者区分开来。能把二者区分开来的，只是固执是在错误的道路上越走越远，而坚持自我是在正确的道路上艰难前进。但这些，只是以最终的结果来决定。

在结果出来之前，任何当事人当前的作为，都是一种冒险。

坚持和固执并不是听天由命，也是有一定的规律可循的。做某件事情，经过分析，可能会发现做法以及方向是错的。并且，这些错误是显而易见的。固执的人会对这样的错误极力辩解，一厢情愿地用种种理由来搪塞，甚至不允许别人提出反对意见，当然也听不进别人不同的见解，当别人心平气和地指出他的错误时，甚至会暴跳如雷。这是真的固执。固执的人对事实视而不见，并且不会分析，更不接受别人的意见和批评。固执是以主观为前提和基础。

而坚持则不同。坚持是在选择、分析基础上的坚持，是对现实的充分尊重。坚持是以客观为前提，以品质为保证。有些事情，从这方面看是错的，从另一个角度审视，则是正确的。不同的人，从不同的角度分析，会得出不同的结论。但别人的意见不管对错，都是值得参考的。而参考的意思是：在尊重事实的基础上，自己心中都要有确定方向。

坚持的反面不是固执，而是优柔寡断。一个不能坚持的人，也就是一个自己确定不了方向的人，当这个人这样说的时候，他觉得对，另外一个人那样说，他觉得也有道理，这就成了优柔寡断。

赤壁之战前夕，东吴对于战与和分成鲜明的两派，战有战的理由，和有和的好处，孙权分析形势，最后确定开战。孙权的这个决定虽然不能说是坚持自我，但因为他有自己的标准，在大臣们把所有的形式分析一遍之后，经过分析，他就能做出正确的决定。

坚持与固执，在主观的层面是一致的，不同在于是否充分尊重事实。坚持与优柔寡断在尊重客观事实方面是一致的，但不同在于在主观上有没有果决和韧性。

如此一来，正确与错误就不用只等着结果出来之后，做无用的评价了。结果虽然有误打误撞成功的可能，但要想结果正确，过程正确也是非常重要的，而要保证过程的正确，首先决策的当事人要有明晰的思路，正确的标准。其次，要有详细的、全面的、而不是一厢情愿的主观论证，最主要的表现就是听取各方面的意见。再次，做出判断，判断非常重要，尽快做出判断尤为重要，没有判断，一切意见及论证都是纷扰，而不能正确地判断，一切的意见就成了误导。

正确与错误很多时候就在一线之间，但从错误跨步到正确，这却是艰难的一步。

机会多了，反而容易失去机会

周日去爬山，那座山以前就去过很多次，知道有很多条道路能够到达山顶，所以，这次没有走之前熟悉的道路，而是远远地看着那座山，任意走着自己的路，却不时地走到路的尽头。路多了，方向就乱，方向一乱，就容易走错了。每条路都相似，但每条路又把自己带往不同的方向。

下山就容易多了，任意一条下坡的路，都能把自己带到山底。一条条的路，就如同涓涓细流，最终汇入大海，顺着水流的方向，找到大海容易，但反过来，由大海出发找到源头，却难了。成功如同源头，要到达成功，总要逆流而上，这时，最大的困难是支流太多，相互之间总容易混淆。

在众多的道路面前，选择就很关键。每个选择都那么相似，但不是每次选择都通向成功。选择总让人困惑，甚至让人恐惧。

有过求职经历的人，可能都有这样的经验：如果同时有几个差不多的单位，都有机会去，这时人就会陷入选择的困惑。这时的困惑，会让理智被蒙蔽，所以做出错误的选择。甚至，最终都没有选择。

在海洋中，沙丁鱼保护自己免被掠食动物吞掉的基本办法就是游在一起，形成一群，并不断变换位置，形成一个滚动的鱼团。掠食动物竟因为目标太多，不知道该选择从哪里下嘴，而错过了袭击的机会。

选择意味着机会，选择也代表了自由，这时选择可以带来红利。但选择也意味着责任，意味着能力。并不是任何人都可以对自己的选择承担责任，也并不是任何人都能够做出正确的选择。就像一个孩子，如果给他一万块钱让他自己去随便买点东西，是危险的。选择需要监管，选择要承受压力，而正确的选择还需要强迫。

选择的两面性，也会体现在具体的工作当中。工作相对自由，并且有较大的空间，这是好事，但这同样会带来选择上的困惑。没有人希望自己工作的时候，总有人在自己边上这样那样地唠叨。但如前所说，选择同时需要责任感和能力，有空间和自由，并不一定就有效率。比如一个人接受这样的工作：公司有很多资源，他就负责资源的管理，至于怎么管理，他自己想办法。这样的安排，就需要被委派者有一定的能力，并且要担负很大的责任。对于有相应能力和责任感的人来讲，这样的安排自然会更有效率。但对没有相应责任感和能力的人来讲，这样的任务，只是一个负担不起的包袱。

选择，并非选了就万事大吉。做出正确的选择，需要具备一定的能力；选择之后，则要承担相应的责任。

可以错过，但不能因此失去起点

任何时候，都不要因为错过、错了而放弃。

经常听人说："我错过了多好的机会啊，如果当时我要是做的话，我现在就会怎样了。"这句话证明自己曾经错过了，也在为自己的错过而后悔，但问题在于，错过了之后怎么办呢？这才是问题的关键。有些许的遗憾，但这是没用的，更要命的是，这里面潜在地引申出这样的逻辑：因为错过了，赶不上了，所以放弃吧。

错过了不可惜，真正可惜的是因为错过了而放弃了努力地追赶。

错过对人生最大的伤害在于让人永远失去了起点。

一个人一生当中会有无数次的错过，并且每次的错过都是有理由的。或许有些理由是客观的环境决定的带着无奈，但更多的是自身主观上的努力不够而导致的错过。所以，很多人都在为曾经错过的人、错过的事而惋惜，甚至痛苦流涕，但错过也是一种习惯。

在很多人的话语中，总会存在这样的句子："上学的时候真好。"可是顺着他这个思路，往上追溯到他上大学的时候，那时他的口头禅一定是"上高中的时候真好"，或者是"工作了真好"。

当只有过去或未来还有点美好，那么现在就只能被错过。错过是一种命运，决定这种命运的是人的个性，当然决定个性的就是那些习惯。

人一生当中，不可能不错过，不同的人身上发生的错过并没有什么大的差别，关键在于对待错过的态度有天壤之别。有些人用错过来否定现在，有些人因为错过而珍惜现在。

在职场上，一个人尤其可能通过偶尔的错失或错误而走上堕落。总是听见有人会这样说："之前我有一个好朋友，约我一块学英语，我没学，人家现在已经出国了，我英语却连四级也没过，其实当时他的英语水平还不如我。"从这番话中，这人也知道英语的重要，也有学好的想法，但现在为什么没有行动呢？因为过去没学。

这是人的一种普遍的可怕的心理，因为没有一个好的基础，因为曾经错过，所以现在放弃了努力。

在一条起跑线上的时候，别人跑，自己没有行动，现在别人跑在前面了，自己就不用跑了。其实，这样的人不知道，只要开始跑，到处都是起跑线，只要不跑，什么时候，什么地方都没有起跑线。

在职场上，有些人因为过失而堕落，有些人因为过失而杰出。

一个人可能因为一次偶尔的盗窃而最终成为杀人犯，一个人也可能因为偶尔的盗窃而最终成为圣人。

很少有事情是真的来不及，很多事情是因为不愿意。

最可惜的是今天放弃了努力，最值得谴责的是现在还不努力，而不是昨天没有努力。

心不能麻木，但要平静

传说诸葛亮的羽毛扇是他妻子送给他的，让他来遮掩自己的情绪。当时刘备三顾茅庐，跟诸葛亮进行了著名的隆中对，在谈话过程当中，每当得到刘备的肯定时，诸葛亮就喜形于色；每当谈到曹操的威胁的时候，诸葛亮脸上就挂满忧虑。她妻子在后面偷偷地看到了这一切，觉得把所有情绪都挂在脸上，怎能压得住阵脚、做得了大事。但短时间内这个问题无法解决，于是就送给他一把羽毛扇，用来遮住自己的脸，省得让人看出自己的情绪。

情绪是需要遮掩的，职场新人，尤其不懂喜怒不形于色的重要。领导找自己谈话，刚表扬了几句，就喜形于色，刚批评了几句，就沮丧不堪。如此情绪化，怎么能让领导放心把任务交给自己？

一个人心有多大，就是要看能获多大成绩而不至于忘形，能担多大失败而不至于变色。

小人乍富，腆胸叠肚。不管在职场还是在社会上，我们经常会见这样一些腆胸叠肚的人。而真正的雅量，是泰山崩于前而不惊。

谢安年轻时候，跟朋友一起到江上游玩。船到江心的时候，忽然起了大风，同船的人都乱作一团，唯有谢安依然如故，竟然走到船头吟诵起来。众人见他如此，也都纷纷安定下来。船到岸后，众人问他："难道你就不怕？"谢安回答："我当然也怕，只不过如果像你们一样的话，我们就回不来了。"

但关键是怎样才能拥有一颗平静的心，让自己"心大"一点？心大，有天生的一面。有些人，天生就喜怒不形于色；有些人，天生就天真活泼，有点事情就想告诉别人，有点喜怒就立刻忘形。但平静也是可以后天培养的。

能影响人的承受力的，首先是阅历。一个没有经历过大的悲喜的人，一点小的刺激就让他坐立不安，一个没有取得过大的成功的人，一点小的成功就会让他喜不自胜。一个一文不名的人，一百块钱的收入，就会让他满足，一个亿万富翁，一百万的收入都不一定放在眼里。一个人随着年龄增加，阅历增加，心上的茧子自然变厚，对世事的反应自然也会变淡。但这种自然的让反应变淡，从另一方面讲就是麻木，内心的平静不等于麻木。人心需要对这个世界依然敏感，所以，重要的是人要能自主控制自己的悲喜，而不是让心不再产生悲喜。

实在不能控制自己悲喜的时候，就让自己的注意力集中在其他无关紧要的地方。

比如，老板说，你这次干得很好，这时，你开始沾沾自喜，但是，理智要求你赶紧打住，这时，有很多方法可以帮助你。首先，可以给自己设置一个更高的目标，或者把自己放在一个更高的位置上。比如，你可以想"这算什么，我要让老板亲自表扬我”，或者“对一个普通员工，这成绩的确值得表扬，但我不会是一个普通的员工”。

不麻木，而能控制悲喜，就要超越。

一颗真正平静的心，同时必然是一颗超越平凡而并不麻木的心。

要做到，更要做好

职业化非常重要的一点就是规范化。

很多职场新人，非常讨厌没完没了的表格，讨厌没完没了的总结、计划，讨厌所有的工作纪律以及作息制度。

很多人可能会有这样的想法：我做好我的工作就行了，至于其他的，那些表面工作只有那些工作没做好的人才需要去做。

大部分公司，每天都要做计划和总结。一次，一个新员工既没交计划，也没见他的工作总结，于是找到他，问他原因。他回答得理直气壮：“文字性的东西，我不会写。”或许，他的理直气壮在于他在公司的职位不是策划，所以只要牵扯到文字的东西他不做是理所应当。

只要是在职场当中，即便不打算做文案工作，也一定要提高自己的文字表达能力。

写字是一种表达方式，在职场当中，最基本的表达可分为：语言表达、文字表达、行为表达。一个人如果没有一定的文字表达能力，那么整个的表达体系就是不完全的。一个不能完全表达自己的员工，不能说不称职，至少在能力上有重要的缺失了。

职场不是学校，在学校的时候，很多学生觉得自己文字表达能力不行，所以作文分少点就算了，在职场上，文字表达能力的缺失，让自身的工作能力缺少了重要一环。

作为一个员工，文字表达能力并不是工作之外的额外要求，就像很多人把计划总结等看作工作的额外要求，而是做好一份工作的不可缺少的素质能力。尤其在大公司，管理就是通过最基本的计划总结来实现，

随着一个人职位的提升，工作中对其文字表达能力的要求也越来越高。不仅部门的计划总结，还有各种工作汇报，一个人如果在这些方面能力缺失，不仅会导致工作效率低下，还会因为表达不准确而让整个公司的工作受阻。因为领导对公司工作的领导和把控，大部分是通过跟各个部门的文字性的沟通来实现的。

经常见人抱怨："某某能力不如我，为什么他总是受表扬，而我则总是受批评，不就是因为我汇报做得不好吗？"其实这种抱怨，还是把文字表达能力当作了一种可有可无的工作之外的东西。

在职场上，文字表达能力，不仅仅是对文案人员的要求，而是每个员工必备的能力。

除了正常的计划与总结之外，能制作PPT的，就不要用Word文档，能形成Word文档的，就不要口头表达。每次开会或见领导，都要带一个记录本，把重要问题列成提纲，把重要的指示当场记下。

能做别人做不到的事情，固然体现一个人的能力；而把别人同样能做到的东西做得更好，才彰显一个人的品质。

职场上，稀罕有能力的人，更缺乏品质好的人。

职业化，其实就是对规则的敬畏

职业化是把外在的规则内化为自己的习惯。如同看见红灯，自然就知道停车，而不去考虑是白天还是黑夜，有没有警察，有没有安装摄像头。

职业化的形成也是一个长期的过程。在职业化的过程中，改变的究竟是

什么呢？

第一，最开始的时候，只是知道所有的规则，知道该怎么做，不该怎么做，职业化之后，如果让自己说出来，还是原先的那一套，单纯从语言上来讲，没有改变，但从实际上来讲，已经有了质的变化，这个变化就是自己是这些理论的实践者，而不是旁听者。自己已经不单纯是对这些东西有明确的认识，而是有深刻的体会。

第二，也是最重要的一点，职业化的标准在于对职责和制度的敬畏。举一个简单的例子，都知道自己应该孝敬父母，但这是没用的。要想让这条原则有用，首先，要把这条原则实践，其次，要实现在心理上对父母的爱和关怀。很多不孝事件的发生，并不是因为当事人不知道应该怎么做，而是没有内在的精神强制其去履行这些义务。

职业化就是把外在的标准内化的过程。而是否实现了内化的标准，就是是否能对规则和制度敬畏。敬畏是一种内化，用伦理学的术语来讲，真正的道德不在于对规则的认知，只有认知，道德还是外在于人的。而道德最终要实现内化，内化为人的自觉的行为，而不是只有在外在监督之下才能实现的行为。

职业化的改变并不是一个自然的过程，而是因为现实的残酷决定了一个人要在社会当中被接受，必须要改变，在这段时间，他在不断的碰壁中，逐渐地实现了自己都没有发现的改变。职业化，需要一个职业的环境。如果一家公司没有严格的制度和流程，那么这里的员工一定会是庸庸碌碌，没有一个健康的环境培养起员工对公司、对制度的敬畏，那么，员工就很难被培养出职业化的素养。没有对制度、责任、流程的敬畏，就不会有健康的公司文化，就不会有职业化。

一家成熟的公司必须要有一大批职业化的员工，而职场中的每个人都有责任促使自己、促使别人完成向职业化的转变，现在，我们不用再去想用什么标准去衡量职业化程度的问题了。因为很明确，那就是——对规则有没有敬畏感。

孔子说："君子有三畏：畏天命，畏大人，畏圣人之言。小人不知天命而不畏也，狎大人，侮圣人之言。"

我们都应该无所惧，而应该有所"畏"。

第六章

能办事的人会说话

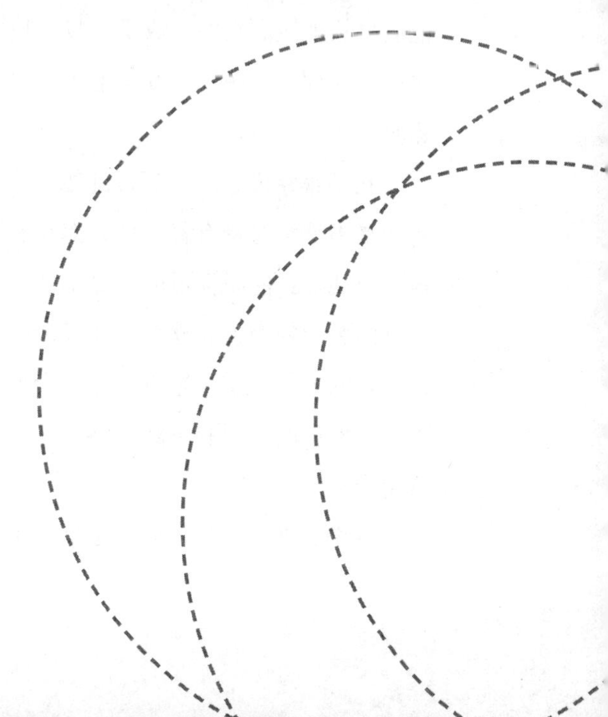

说话只是战术，不能被当作战略

一提到要会说话，人们脑子中第一个蹦出的词一定是“能说会道”，或者说“能言善辩”。但职场不是辩论会，在谈话中的胜者，不一定就是职场的胜者。

会说话的人，也并不一定就是那些伶牙俐齿的人。葛朗台的会说，在于他在谈判时总是装口吃，等到对方忍不住替他说出来的时候，他自然就胜利了。葛朗台利用自己假装的不会说，实现了会说的效果。

曾经认识一个人，跟别人说话的时候，时常抓住别人话语中的漏洞，进行类似幽默的攻击，在让别人张口结舌的同时，他则自鸣得意。这种人确实很聪明，巧舌如簧，另外还很幽默。另外，这种人自己也以为很有本事，但他们自然把谈话真的当成了一场辩论，当成了口舌之争。他们或许根本没有明白，这种小聪明根本登不上大雅之堂。因为谈话，需要的是智慧，而不是聪明。

孔子曾经说过：“巧言乱德。”花言巧语背后往往是阴谋诡计，不管这句话是不是绝对具有普遍性，但在感性上，人们已经普遍在潜意识里认同这样一个观点：能说会道的人靠不住。历史上，东方朔很会说，也很幽默，但正是因为他的会说和幽默，让汉武帝把他定义为一个“弄臣”，也就是陪皇帝玩耍的人。其实，东方朔除了会说笑话让人解闷之外，还有很多更厉害的本事，但他的会说和幽默，终究让汉武帝不放心，终其一生，也没有得到过重用。

一个人做事不能轻佻，说话更不能轻佻。话语很重要，因为其承载着智慧。诸葛亮舌战群儒，这是智慧；触龙说赵太后，这也是智慧。像这等话语智慧，在历史上并不鲜见。而之所以说东方朔是聪明，而他们则是有智慧，是因为东方朔玩弄的是文字游戏，或者在深层次讲，是思辨游戏，但真正说话的智慧，是说出别人意识不到的内容，是引导别人认识到被忽视的事实。真正的谈话的胜利，是实力的表达，是意识的扭转，而不是在语言上让人张口结舌。

在说话上，智慧与聪明的差别，在于自己的话语离事实有多远。当话语来自于现实，又略高于现实，这是智慧；当话语离开了现实，成为纯粹的语言游戏，这是聪明。离开了现实的语言，要么是大话，要么是空话。一个只会说大话与空话的人，不管出于什么目的，总会让人轻视的。

用话语，引导别人注意到自己想要呈现的事实，这是谈话的最高境界。

谈话，只是战术，不能算作战略。一切只会乐于唇舌之争的人，最终都不会有好结果。所以，一切的战术运用是要靠战略的智慧引导，才能起到应有的作用。一切的话语，必须要有深层次的智慧引导才能有分量。

说出的话，落下的棋

说话的方式按照思维习惯最基本分为两种：一种是经过深思熟虑后再说，一种是头脑一热随口就说。

刚参加工作的时候，一个同事跟我说：“领导跟我吃饭，席间谈起某个人曾经跟他说过一番话，领导反复跟我说，他说那话是什么意思？”然后他得出结论，“当领导真累，别人每一句话，都要听出几种意思来不说，说每句话，还要掂量半天。”当时，我对这位同事的话深以为然，可能大部分刚参加工作的人，对这番话也会深表赞同。但如果真的带有这种想法在职场上，却是大错特错的。

当然，说话要分场合，跟自己要好的朋友，跟自己的亲人，大可不必有那么多的弯弯绕。但在职场上，却要有那样的弯弯肠子了。

在职场上，说话如同下棋，要谋全局。而不能看见某个地方貌似有利可图而匆忙落子，更不能图一时之快而信口乱说。

记得刚参加工作的时候，经理对自己很好，对自己提出的很多想法都大加赞扬，于是头脑一热，便口没遮拦，一则以为自己遇到了知音，大可把自己所有的想法都告诉他，二则以为自己是为公司好，在这个前提之下，自然不必有方式方法。于是，一有什么想法，就立刻跑去告诉经理，直到有一天，他直接对我说："你不知道我很忙吗，有什么事等开会的时候再说。"自此以后，每当我看见他，都可以感觉到他那明显的对我的厌恶。

话，不是由口支配，而是由脑支配。知道一件事情，想说一件事情，并不一定就能说。而是否能说出来，自然就应该由大脑对形势清晰判断。

说出来的话，落在棋盘上的子，落了多少，并不是关键，关键在于是否落对了地方。

我们经常说一个人城府深，所谓的城府深，就是能藏住事，而能藏住事，自然就能藏住话。一个藏不住事，藏不住话的人，不仅听不得话，更干不好事。

会说的人，除非主持人，没有说话会很快的，因为每句话，都要经过慎重的思考。孔子就极力主张"慎言""少言"。"君子欲讷于言而敏于行"，"君子食无求饱，居无求安，敏于事而慎于言"，在论语中，关于要慎言、少言的论述有四十余条。

在职场上，每一句话，都可能是一场布局。我们有时会说："那个人话里有话。"其实，每句话里都还有话。每个人不仅要听出别人话里的"话外音"，更要运用好自己话里的话外音。

在职场上，说话虽然不用像新闻发言人那样严谨，不用像外交家那样睿智，但话也不能乱说。说错话，如同落错了棋，一句不慎，会全盘皆输。

语言的强悍，是在掩饰内心的自卑

说话要分场合，分时候。有些话说得太早不行，说得太晚也不行；说得太多不行，话说不到也不行。

年轻的时候，与人一块吃饭，三杯酒下肚，就开始口没遮拦。当时我刚从外地出差回来，席间一个人听到我是到某地出差的，很有兴致地问了几句。我当然更有兴致，还没等对方表明对那个地方的褒贬，就开始大谈特谈在那里的“遭遇”，并对那个地方的人极尽讽刺挖苦，旁边一个朋友听不下去了，小声制止我：“他老家就是那里的。”

俗语当中有个称谓叫“抢话头”。所谓的“抢话头”很简单，就是那些在谈话的时候，总是迫不及待地打断别人，亮出自己观点的人。“抢话头”的心理很简单，就是怕自己知道的，被别人说出来，显得自己没本事。而抢在别人面前，把话说出来，就可以洋洋自得：“看我厉害不？”

这种“抢”的结果就是不断地把自己放在了明处，而其他人就处于暗处。并且，自己本来想显示自己的本事，在别人那里却是一眼望穿的浅薄。

因为抢话是为了显摆自己，所以与长辈和领导在一起的时候，人最容易犯抢话的毛病，也最容易在抢话上犯错。

公司开会，老板首先发言：“这次会议我们主要谈谈公司市场方面的工作。”一个年轻人接过话去，开始侃侃而谈在业务上取得的成绩以及未来的大好形势，直到老板忍不住制止他：“我们主要谈一下下一步公司如何转型。”“抢话头”最容易犯的错误就是“开口千言，离题万里”，或者当自己口若悬河地阐述完某项心得和观点的时候，才发现自己面对的是一个行家，自己是在关公面前耍了一套大刀，是把自己的无知与浅薄淋漓尽致地展现在了别人面前。

有时，抢话会让别人难堪。比如，有人想找你谈心。对方刚一开口：“最近工作不顺。”你就开始苦口婆心地教导。其实，对方本来要表达的是：“虽然不顺，我还是打算坚持下去。”

在一个团队当中，这样抢话就很不合时宜了，只能说明一个人内在的不自信，一个不自信、不相信自己的实力能获得别人尊重的人，一旦被别人窥破心理的实质之后，不管事实是否如此，都不会值得别人信任。

说到底，抢话是用语言上的强悍来掩盖自己内在的自卑，但这种非常幼稚的强悍，又成为一种赤裸裸的对自己弱点的宣示。

如何做，客户才肯说

迅速地了解行业知识是顺利开展业务的关键，而对行业知识最熟悉的，莫过于商家自己。但让商家主动开口介绍相关的商业知识，却不是一件容易的事情。

大多数商家是希望让人了解自己，包括了解自己所从事的行业。关键在于询问者是以什么样的身份，以什么样的姿态去询问。

商家对上门推销的人有天然的敌视，而对自己的消费者，尤其是能为自己带来大量消费者的人有天然的亲切感。不管是广告推销者，还是其他的推销者，在介绍自己业务时，一定要把自己放在消费者，或者能为商家带来大量消费者的人的位置上。

一次，和一个业务员一起跟一个卖地板的商家谈广告，业务员直接从介绍自己的媒体资源开始，当然，业务员将自己的媒体资源特点介绍得淋漓尽致，但商家总是摆出一副爱理不理的姿态。这种情形很容易理解：做广告是要花钱的，也就是变相从商家口袋向外掏钱，而商家也本能地捂紧了自己的口袋。

眼看谈判陷入僵局，商家也准备端茶送客了，这时，我坐在商家对面，说道："其实，我们还可以换一种合作方式，我们帮你销售相关产品，但是从中收取少量提成。"很快，商家开始有了兴趣。听完我描述的公司销售优势，商家的态度跟之前截然不同，不仅详细地介绍了自己经营商品的品种，而且对整个行业的状况也做了深入分析，试图向我证明：在该行业中，他们是毫无疑问的佼佼者。要证明这个结论，自然要列出很多证据，这些证据自然是本行业的特点以及对他们自己以及竞争对手的分析。两个小时下来，我对整个行业的特点以及竞争形势基本就熟悉了。

知识的掌握、情况的了解是听来的，要想听到自己想知道的东西，就要用一点技巧、动一点心思了。光是竖着耳朵是不行的，关键嘴巴还要会说。说话并不是自顾自地表达自己的意思，也不在于自己表达了什么意思，重要的在于听者领会到了什么意思。说话是有目的的，其目的出发点在于自己，目的的达成却在于对方。抬手不打笑脸人，不管自己是出于什么目的，话说得好了，自然就会让人待见。

会说是一回事，会听又是另外一回事了。同样的一席话，有人听出门道，有人只是在听热闹，有人则什么都听不到。

谈话不是一厢情愿，如果在谈话过程中，只有自己说得兴高采烈，唾沫横飞，那这场谈话十有八九以失败告终。

谈话要凌厉地攻，谨严地守

公司开展电话业务，开始的几天，一直不很理想。仔细听了几个业务员对电话内容的话述，终于发现了问题的所在。

由于对标准话述掌握不是很好，说话不严谨，导致客户一开始就发问。让客户发问，这是一个很严重的问题，因为一旦客户要是发问了，必然导致整个的交流已经由客户导向，当谈话超出了业务员所熟练掌握的区域范围，只能是越说漏洞越多，而客户的疑问也越多。

在谈话中，提问是进攻，回答是防守。

所以，如果对方一个问题接一个问题地问，给人的感觉就是对方咄咄逼人。尤其是那些刚入行的业务员，客户的几个问题下来，必然就招架不住了。因为即便是有经验的业务员，也不是每句话都滴水不漏。业务洽谈的对象，大都是久在江湖的老手，自然一下就能洞悉话中的漏洞，如果对方稍加刁难，就足以让业务员理屈词穷。

要改变这种被动局面，最好的办法当然就是转守为攻。所谓转守为攻，就是以一个问题作为对对方的回答，在巧妙地对对方的提问或者反问当中，把皮球踢回给对方。

当然，这种提问和反问不能太生硬，要委婉，在进攻的同时也要注意不露痕迹。比如，客户问："我为什么要跟你们合作？"这个问题是比较具有侵略性的，有点挑衅的意味，这个问题如果直接回答，要么被对方直接拒绝，要么会招来一系列让你应接不暇的疑问。这个时候，可以用一个问题来回答。当然，这个反问不能太生硬，比如，我们不能这样说："你为什么不跟我们合作？”我们可以用较为委婉的问法：“你希望我们的合作给你带来什么好处呢？”如此一来，首先在谈话的节奏上，我们把问题抛给了对方，我们掌握了主动，其次，对方只要对问题作出回答，我们就有了新的话题。

不管是在进行业务洽谈还是比较艰苦的谈判时，都应根据自己要表达的内容，准备相应的问题，根据谈判的进程，尤其是在自己不能立刻作答，或者在对方提出一些让我们左右为难的问题的时候，都可以以相应的问题反问。

当然，掌握谈话的主动权，还有一个方法就是岔开话题。这个在向领导汇报，或者在开会的时候，用到得比较多。一次见领导，我刚开口，他就开始了自己的长篇大论，牵着我跑题。眼看交流无法进行，这时，我抓住他阐述中的一个环节，插话道：“您说的这个地方太对了，正是我们今天要讨论的某个地方，您看这个地方是这样的。”如此几句话，他就兴致勃勃地回到了要讨论的问题上。

要想在交流中达到自己的目的，必须要掌握谈话的主动权，否则，只能被别人牵着鼻子走。这样自然掌握不了话语权。

没有稳定的情绪，就没有准确的表达

话并不只是用来表达自己的某种意思的，很多时候，话也用来表达自己的某种情绪。当一番话，带着双重的任务的时候，可能连一种任务都完成不了。话的接受者，最容易感受话里面的情绪，当一个人的注意力集中在对方表达的情绪上的时候，对话本身的意思，自然就被忽略了。

很多人都曾指责我在喝酒时手舞足蹈，高声呼喝，现在想来，那时之所以会如此，是因为怕自己声音小了，就会被淹没在众人的喧哗中。于是，酒席上的高谈阔论，就变得类似吵架，而想要表达的一切，自然一点效果也没有，唯一获得的就是痛快。

越是想让别人听自己说，情绪就越激动，语调就越高亢，语速也越快。其实，这正是导致很多人话虽然说了，但没有效果的原因所在。

情绪激动，当别人被自己的情绪感染，两人就不再是对话，而是进行一场谁也不知道对方说了些什么的争吵。保持高亢的语调是很费精力的一件事情，所以，就削弱了谈话过程当中一些节奏和策略的把控。语速快，当思维跟不上语速的时候，思维就没有空间和时间，谈话就成了表述而不是交流。

熟人之间，以及领导对待下属，老师对待学生，最容易犯类似的错误。并且这种错误容易成为一种习惯，让我们在对待某些人的时候，习惯性地用某种情绪、某种声调，让彼此之间的交流变成无意义的争吵。

要实现正常的交流，小声说话是第一步。轻声慢语，远比面红耳赤来得有效果。

真正体会到语调对交流的重要性是在一次见一个重要客户的时候，对方声调很小，有时甚至到了嗫嚅的程度，刚出他办公室的时候，我甚至一度嘲笑他，但后来反思，却发现那次谈话有着超出想象的效率。

一次，跟一个年轻人交流，刚开始的时候，谈话比较放松，他把脚放在前面的桌子上，彼此的语调和情绪也都正常，但谈着谈着彼此就激动起来，而谈话的内容，已经不再顺着彼此的道理，而是被情绪带着，彼此纯粹就是为了发泄某种情绪。我陡然间发现了谈话的不正常，于是我坐了下来，稳定了自己的情绪。我这边正常了，他那边却依然慷慨激昂。于是，我让他坐下，把脚放到面前的桌子上，他的情绪自然也就恢复了正常，我们之间又可以正常谈话，而不是做情绪的对抗了。

后来不断遇到在酒桌上高谈阔论的年轻人，也貌似用心倾听过对方的谈话，但从心底来讲，其想要表达的东西总归还是被忽略了，即便他曾经也说出过很多有道理的内容，但所有人的注意力都被集中在他的情绪上。

要想让别人注意自己的谈话，首先要让对方知道自己是很郑重地说出这些话的，而用激动的情绪和夸张的语调说出的话，即便用心良苦，也会被人认为是不值得参考的。只有语调平稳的话才是经过深思熟虑的，也只有经过深思熟虑之后才能淡定地谈话。

人们总是用轻贱的姿态在听你痛快地发着牢骚

心中郁闷的时候，找一个人一吐为快，这是很多人的想法，在现实当中，很多人自然也是这样做的。

一次，在北京坐公交，一个中年妇女上车就开始打电话，可能是找对人，更找着感觉的缘故，一路上不停地对对方发着牢骚，一刻不停，竟然打了足足两个小时。当时很惊讶她对同一件事情翻来覆去描述的本事，更佩服对方应和的能力。

但后来，自己的一次经历，让我对自己这种不厌其烦的重复本事也很佩服。有一次跟同事一块吃饭，下午5点就到了饭店，当时有点早，坐下就开始对公司发牢骚，不知不觉中竟然到了晚上11点，饭店要打烊了才罢休。

找人倾吐自己的不快，对身心都是有好处的。但并不是所有的人都可以成为倾吐的对象。比如，你是一个普通员工，老板有一天把你叫到办公室，唠唠叨叨地跟你发了半天的牢骚，你在心里会如何评价？第一个评价就是：老板也是普通人，也有普通人的烦恼。当然，老板在你心目中立马就跌下神坛了。

一次跟一个朋友不停地发着牢骚，抱怨另一个朋友对自己的种种不对，说着说着，这朋友突然反问：“将来会不会有一天，你对别人谈起我的时候，我在你口中，也是这样一无是处？”当然，这朋友后来很自然地就疏远了我。

还有一次，跟一个人抱怨工作中的种种不快，说着说着，自然就会被情绪带动，生拉硬扯一些子虚乌有的东西，来证明自己的观点。我忽然从对方的眼中，看到了一丝鄙夷与不屑。

每个人都会遭遇很多困难，每个人都想在倾诉中把这个包袱扔出去，每个人都会想要在对别人的倾吐中得到一些怜悯。但在别人怜悯的同时，自然也就会凌驾在自己之上了。

不要企图别人在自己受到不公平待遇的时候，会真的对自己同情。这个世界，人膜拜的是强者，而强者虽然有伤口，却不会逢人喊痛。如果一点点伤，就哭天喊地，那就不要期望别人会膜拜你，甚至连对自己最起码的信任与尊重都会失去。

发牢骚是痛快的，但不要为了一时的痛快，而不再客观公正。更不要为了自己的痛快，而去强奸别人的耳朵。母亲、老婆、某些朋友的话之所以不愿意听，最主要是因为他们的话太多，话多了自然叫人烦，烦了自然就不想听。

唠叨是因为随便，没有心机地随意说或者发泄是一件痛快的事情，所以，很多人喜欢唠叨，某些平时很矜持的人，喝醉了酒也会唠叨。唠叨着的人很惬意，自我感觉很良好，虽然听的人有点头大。

切忌让别人把自己的话当成唠叨，更不要用喋喋不休的牢骚把自己打扮成一个失败者、软弱者、主观主义者。

不一样的表达，就有不一样的效果

法国著名作家莫泊桑中学毕业后，师从福楼拜学习写作。福楼拜对莫泊桑说：“你所谈到的任何事物，都只有一个名词来称呼，只有一个动词来标志它的动作，只有一个形容词来形容它。因此，就应该去寻求到迄今还没有找到的这个名词、这个动词和这个形容词，而决不应满足于近似的、决不应利用蒙混，甚至是高明的蒙混的手法，不要利用语言戏法来逃避困难。”

写作是如此，说话也是如此，每种意思都有无数种表达方式，而其中最好的表达方式只有一个。如果说，能否找到最好的文字表达方式是作家与普通人的区别，而能否找到最好的语言表达方式则直接关系到谈话是否成功。

其实，说到表达方式，首先有一个表达方式的选择问题。比如同样要跟领导表达某个意思，这里面就有用邮件、发短信、打电话或者直接面谈等多种方式可选择。合适的表达方式很重要，比如：下达某项任务，邮件就必不可少，至少要让所有的任务相关人都收到邮件，因为邮件正式；要跟一个重要客户沟通，就尽量面谈而不打电话，因为电话里很多事情说不清楚，并且，打电话如果一旦对方有一些小的误解，极易挂断电话，导致交流的终结，而面谈就不会发生一言不合就拂袖离去的场面。

说话并不是把意思表达明白就可以，不同的场合、对象、内容，表达时的形象、语气、态度也要相匹配。不同的表达要求，需要不同的方式，比如，自己要代表公司向员工宣布一项执行决议。这时候，首先，从自己的位置上来讲，自己代表的是公司的权威而不是个人的权威；其次，从态度上来讲，要郑重，并且是不容质疑的，这样，才能保证传达的效果。而这些，自然是与朋友之间的谈话完全不同的。

除了要注意谈话的方式、态度之外，谈话的长短也非常重要。有时，自己也会遇到这样的问题，比如去跟领导汇报工作，刚开头，领导就开始批评，还有，领导一般都有个毛病，说话喜欢信马由缰，于是越说离题越远，让你不得不红着脸，重新标明观点，把他拽回来。这两种情况还好说，有些时候，不恰当的姿态、不恰当的时机、不恰当的话语会让本来很容易解决的问题陷入麻烦之中。

发言不在多，在于精，也在于给对方留有思考和回味的空间。中国画讲究留白，而谈话也要留白，留给别人想象的空间，激发别人想象和思考的欲望，让别人在想象和思考中印象深刻，而不是让别人在长篇大论中恹恹欲睡。

把话里的功夫放在话外

一些刚入行的业务员，在见客户的时候，往往喋喋不休地介绍自己的产品，谈了半天，对方只一句“我们现在暂不需要”就把他打发了。这种谈判失败的原因在于不知道对方的痛点，抓不住对方的痛点，不痛不痒地唠叨半天，只是耽误别人的时间，浪费自己的精力。

谈判成功的秘诀在于抓住对方的痛点。

一次，一个广告客户要求退款，本来退款没什么问题，但对方提出许多额外的要求，使得他要求退的款项大大超出应该退还的数额。虽然经过了若干人的沟通，但对方属于那种油盐不进的人，并且还规定了一个期限，如果到期不退，就领人到公司闹事。

公司觉得很为难，后来找了一个资深的业务员，把情况跟他一说，没想到这位业务员爽快地说：“这个问题好解决，我给他打个电话就行。”果然，这位业务员一个电话打过去，说了几句，对方就立马缴械：“好，就这么办吧，我现在就过去拿钱。”这个业务员是这样说的：“我们公司经讨论，退还的数额就这些，如果你愿意，今天就过来结账，如果不满意，就只有通过法律途径解决了。”虽然只有简单的几句，但这几句就抓住了对方的要害。因为这个数额并不是对方公司开出的价格，而是这个业务员试图赚便宜，而自作主张开出的。所以这样一说之后，对方反而乱了阵脚。

当然，并不是所有的谈判在一开始就能抓住对方的痛点。谈判是一个过程，是一个运动战而不是阵地战，在不断的沟通过程当中，要有敏锐的洞察力，不断地了解对方，并且掌握对方的痛点。

该说的时候不说，别人认为是你不会，不该说的时候乱说，是让别人抓住自己的把柄，揪住自己的辫子。

有个人在交际场合一言不发，一个哲学家这样评价："如果你是一个傻瓜，你的表现是最聪明的，如果你是一个聪明人，你的表现是最愚蠢的。"

说出的话就如同钉在板上的钉子。合适的时候，在合适的地方敲上一颗钉，那这里就永远是你的地盘了。如果该说不说，别人钉上了，你就不要再去酸溜溜地表示："这谁不知道啊？"

会说话不在多，不在慷慨激昂，只是在关键的时候，说到关键的点上。

要想把话说到点子上，就要把话里的功夫下到话外，在谈话之前，认真分析，仔细琢磨，找到谈话的关键。

信马由缰，想到哪说到哪，连闲谈都不够格，更不用说重要场合的谈判了。

对任何的意见都不要轻易否定

说话有这样一个原则：对提出的任何意见都不要否定，也不要予以漠视，更要尊重对方说话的权利。

一次跟同事谈话，因为彼此太熟，所以谈得就比较随便，他提出的几个问题，我不假思索地就给毙掉了，结果对方急了，和我争辩起来。在争辩之中，我发现他的问题虽然是错的，但其中也不乏建设性的东西。但由于开始轻率的否定，我费了好大劲才给了他一个全面的答案。

如果一个人提出一个问题，起码说明两点问题：第一，他对这件事情是非常关心的；第二，他对这个问题是认真思考过的。

就第一点来讲，不管他提出的问题多么不靠谱，都值得自己认真去听，认真去回答，如果他反映的情况是对的，就应该认真去帮助分析、解决问题。否则，对提出问题的人的积极性是一个莫大的打击，长此以往，他们就会作为旁观者，幸灾乐祸地看着你犯错。

就第二点来讲，对方既然能提出问题，说明他对这个问题是认真思考过的，并且，他思考的深度可能远远大于自己，但由于语言表述等原因，自己所听到的很可能并不是他所要表达的真实意思，或者，一开始自己就误解了别人的意思。所以，要会听，会听首先要会问，通过问，引导别人表达出其真实的意思，然后给予解答。

这并不是打太极，也见过这样的领导，什么问题他都会听，任何的怨气只要跟他一谈，也都会大事化小，小事化了。按理说，这样的领导应该很称职了，其实不然，因为有最重要的一点被他忽视了：解决问题不是一场辩论，并不是谁说服了谁。说服是扬汤止沸，但问题就是问题，关键在于能解决问题。一贯用打太极的手段化解矛盾，只能使矛盾越聚越多，最终不可收拾。

亲朋好友之间说话自然可以随意一些，毕竟双方的容忍度要大一些，但在社会上说话的对象大部分不是自己的亲朋好友，所以，说话要慎重。

交流最怕出现误会。交流当中的误会，主要就是出在提问与回答的过程中出现的偏差上。如果提问一方表达得吞吞吐吐，词不达意。回答一方漫不经心，断章取义，自然就会离题万里。

说出去的话，泼出去的水。一旦说错了话，听话的对象顺着这话走下去，在工作上就会造成难以收拾的后果。

第七章

树立自身好形象

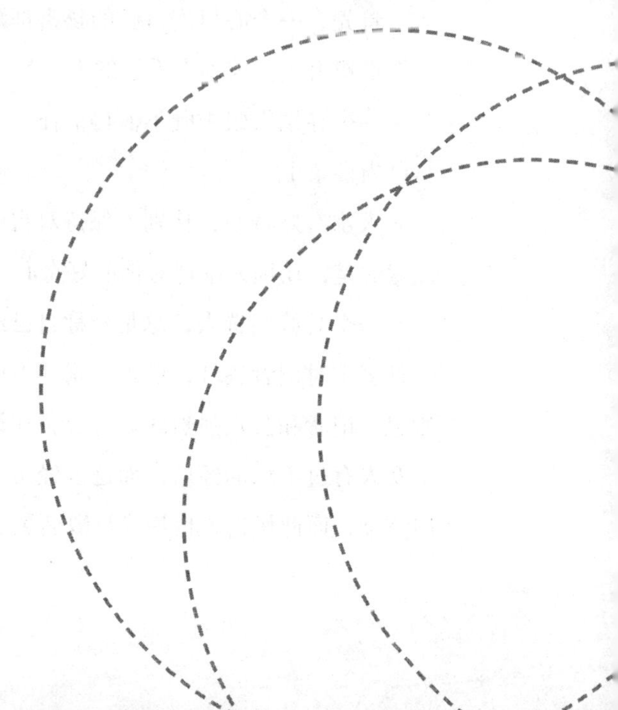

让别人保持对你的好奇心，但不要刺激别人对你的好奇心

一场知道了结果的球赛，看起来就缺少很多乐趣。

如果只有你知道问题的答案，想得到这个答案的人，肯定会尽力接近你，讨好你。

每个人都掌握着很多独有的答案，这就是个人的隐私。一个没心没肺，把自己所有一切都竹筒倒豆子般全部亮出来的人，是一个正直的人，还很可能是一个好人，但在职场上不一定有利。

首先，一个心里连自己的秘密都藏不住的人，是一个不值得信任的人，一个不费力气就被别人看透的人，是一个浅薄的人。

一个在别人眼中既不值得信任，又非常浅薄的人，就不用希望别人会把自己当根菜了。

人都有好奇心，让别人保持对自己的好奇心，是对自己很好的包装。要注意的是，让别人维持对你的好奇心，但不要刺激别人对你的好奇心。

一个总统候选人，总是号称自己经得起所有调查，没有任何不良记录，并且多次对记者挑衅，摆出一副“不信你就查去”的姿态。他这种姿态自然激起了记者和公众强烈的好奇心，在记者的不懈努力下，终于查出此人与某个女人有过不堪的经历，而这段经历一经证实，在好奇心的驱使之下，被大肆渲染，而此候选人也最终身败名裂。

保持别人对自己好奇心的一个原则是一定要低调。过分高调是对别人好奇心的一种挑战，在这种挑战之下，最终失败的肯定是自己。

保持神秘，并不是一切都不显露，而是把一些容易让人把自己往好的方面联想的枝节，有目的地呈现，但不说破。如果一点都不显露，那不是神秘，而是彻头彻尾的无趣。

比如，有的人对自己所有一切都讳莫如深，这种人是职场中的怪人，因为职场当中，任何人都不愿和一个自己一点都不了解底细的人交往，这种人除了让人感觉到怪之外，另一种联想就是阴险。

还有这样一种人，阳光开放，但从不会主动介绍自己的情况，只是不经意地秀一下老公送给自己的某件精致礼物，不经意间帮同事处理一件工作上的麻烦，对所有人都热情和蔼，但对所有人都讳莫如深。这种人，从不高高在上，但在别人的心理之中，却早已被摆在了高处。而那些喋喋不休，总是喜欢到处秀的人，如果是女人，就像个叽叽喳喳的丫鬟；如果是男人，就像个毫无主见的随从。

自己把所有的家底都露给别人，不是明智的举动，本意是为了吸引注意或刺激别人，最后却会让自己非常尴尬。

亮出优点，树立自己的好形象

同样是加班，有的同事，我们会觉得他非常努力。而有的同事，给我们的感觉则恰恰相反，我们感觉到他是因为上班的时候不努力，而通过加班来解决工作中的问题，或者是因为能力有所不及，所以，只能通过加班来弥补自己的不足。

不仅加班如此，在职场当中，同样的事情发生在不同的两个人身上，我们有时会作出截然不同的评价。

本人就曾遇见过这样的事情。在电脑还不普及的时候，公司只有几台电脑。那时，公司规定只能利用电脑查资料，严禁利用电脑打游戏。一次，恰巧跟一个平时工作很努力的同事一块到电脑室，我当时是在查资料，而那个同事则正儿八经地打游戏。恰巧领导领导从边上经过，那个同事当然立马就把游戏关了，一本正经地查起资料来。领导进来语重心长地对我说："以后啊，多把精力放到工作上，多向某某（我那位打游戏的同事）学学，你看，没事的时候就来查资料。"我竟无力反驳。

当然，造成这种情况的，就是因为我和那位同事在领导心中的印象不一样，那位同事，自然是老实能干的乖孩子，而我则是调皮捣乱的破坏分子。而不幸的是，所谓的印象就是先入为主的评价，有了这种评价之后，剩下的自然就是根据各种现象来证明这种评价了。即便当时领导真的看见了那位同事在打游戏，他也同样有无数的理由为他开脱："工作累了，打点游戏也是可以的。"

罗马不是一天建成的，印象也不是一天形成的。而印象的改变，可能要很长时间。

到一家新公司上班，自己面对新的同事，而那些新的同事也在面对新的你，他们非常急迫地在短时间内形成对你的印象，就像希望尽快记住你的名字。这时，如何书写自己良好的面貌，以及让自己在公司以后的发展一番风顺，尽快给别人可以抓住、可以记住的点，就非常非常重要了。

当然，这些点一定不要多，多了反而让人记不住。试想我们自己，对于大多数同事，如果让我们说出对他们的印象，最深刻，一下就能抓住的，可能就那么三两个点而已。给别人留下印象的当然要是自己的优点，另外非常重要的是，要突出，让别人印象深刻。每个职场新人，或者刚跳槽到一家公司的人，一定要组合自己的优点，打造出自己良好的形象。

一个人的形象，是在自己有意的引导下，在印象的基础上，在别人的脑海里形成的。自己的工作固然可以自己说了算，但别人的评价，却不是自己说了算。

在职场上，好好工作，这是必须的，但同时也要好好表现，让别人有好的评价。

用强者的方式接受批评

每个人都会面临上司的批评。接受批评，是一个人在职场当中必须要学会的。

如何对待批评，很能反映出一个人的个性和能力。

有的人，面对批评，从来都是迎头而上。那种宁折不弯的气势，和死猪不怕开水烫的架势，自然也就决定了此人必不可大用。职场不是家庭，领导也不是父母，在职场当中，没有那么多的迁就和理解。不承认错误，不会让自己的形象保持完美无瑕，只会让领导觉得不可救药。错误就是错误，并不会因为否认就变成正确，幼稚的否认，只会导致错上加错。

对待批评的另一种办法是，对所有的问题和错误，都有无数个理由为自己开脱。总之，不是自己的错，那么之所以错了，要么是其他同事的错，要么是领导的错，要么就是天气和路况的错。总之，所有的理由最终都委婉地得出了一个结论，领导对自己的批评才是一个错误。对这种太极高手，领导自然也不会喜欢。而这种对待错误的态度，也反映出一个人盲目的自信和自我的浅薄。

还有一种态度，对领导的批评极为虔诚，直接照抄幼儿园好孩子的表现，只要领导提出批评，必然点头哈腰，诚惶诚恐，这同样是面对批评的另一种幼稚。这种结果所导致的一个直接的后果就是领导认为你真的错了，他对你的批评是万分正确和伟大的，自然，他对待你声色俱厉的态度也是非常正确的，以此为契机，领导对自己的批评就成为常态，声色俱厉就成为领导对待自己的主要方式。而以此倒推，一个整天只能被声色俱厉的领导批评的人，能力自然也就一般了。

对领导的批评，既不能照单全收，也不能怎么来的让它们怎么回去。对待领导的批评最好的办法自然就是回避，而回避的最好方式，就是找到解决办法。只要是批评，自然就是针对一个人的错误。不管领导批评的是正确还是错误，不要当即作出反应，比如：可以找个小本，当着领导的面，认真记下来。自然，所谓的批评类似于客观的问题的探讨，既然是问题的探讨，自己一定要在适当的时候，给出适当的解决方案。

如果自己真的错了，也以适当的方式改正了。即便是领导错了，这种方式也足以挽回领导的颜面。不用承认，也不用否认，更不用表态，因为面对批评时即刻行动，已经是对错误最好的态度。

面对批评，针锋相对地辩解，会是一个职场新人惯用的方式，但这种方式，如果自己真的错了，会让错误更加严重，如果自己没错，也会让人感觉你是在心虚。

一个真正强大的人，不会在意些许的打击，一个真正正确的人，从不会匆忙辩解。或许，自己还不足够强大到忽略所有打击，但即使辩解，也要掌握正确的方法。越在自己不够强大的时候，越要让别人感觉自己强大，所以，在辩解的时候，当然要用强者的方法。

与人为善，但不讨好别人

刚到一家公司，人生地不熟，这时想得到别人认可或一张笑脸的愿望是非常强烈的。所以，刚到一家公司的时候，总会有意无意地去讨好别人。

这种有意的讨好，并不会真的能讨来好处。从人性的角度讲，一个人对另一个人的好，最不容易让别人感恩，好是最不能交易的东西。

每个公司中，都会有那么几个老好人，对所有的人都很和蔼，只要别人有什么事情，他们也总是义无反顾地出面帮忙，但他们的付出跟回报绝对不成比例。多数人也都有过讨好别人的经历，对别人的讨好，讨来的并不都是好，很多时候是带有轻蔑意味的敷衍。

可见，好是不能讨的，别人对自己的好，也不是可以讨来的。试想一下，如果自己要对某个人好，是否是因为他曾经向你讨过？相反，越是那些向你讨好的人，自己越是不愿意给他好，而自己是否对别人好，是看别人是否值得。

职场如战场，一个人尊重、警惕、示好的对象，一是能给自己带来好处的人，另外是那些给自己带来威胁的人，唯独没有那些讨好自己的人。一个人讨好另一个人，是一种妥协和示弱的表示，一旦妥协和示弱，自然就不会得到别人的重视甚至尊重，更别想别人会给自己好处了。

常见一些职场的年轻人愤愤不平：“我对某某多好多好，现在没想到他会这样对我。”但他可能不知道，他之所以受到如此的待遇，正是因为他对对方太好的缘故。

一个国家，要让别人尊重，就不能放弃武力，即便这仅仅是一种威胁。

在职场中要让别人尊重，同样不能放弃武装，始终要让别人知道，一旦威胁到自己的正当利益，自己就会反戈一击，只有如此，别人才会意识到自己的存在，才会尊重，才会示好。

同样的道理，一个国家，要想得到别国的尊重，就要让自己有实力，因为弱国无外交。一个人要想让别人尊重，自然也要让自己有实力。

在职场当中，要与人为善，但不要讨好，因为讨好就是示弱。

如果有一天发现自己受到了轻视，甚至受到了侮辱，千万不要轻易退让。因为任何的退让，换来的都会是得寸进尺。

当然，这并不是说，在职场上就是要盛气凌人，只是做人要守住自己的本分，既不欺凌弱小，也绝不放弃抵抗，更要加强自己的实力。

圆滑的最高境界是稳重

有句歇后语叫作：“油缸里的西瓜——又圆又滑。”

不得不说，有时圆滑让人四处逢源，躲开不必要的麻烦，却能得到意想不到的好处。

圆滑的人并不罕见，为人处事八面玲珑，什么事都很圆融，既不得罪人，又什么好处都落不下，什么样的场合都能参加，见了女的不是姐妹就是阿姨，见了男的不是兄弟就是叔叔。让他们做什么事情都会回答：“没有问题。”真正你追问结果的时候，却一再回答：“不要着急，再等等。”当然，他的回答并不是在忽悠，从其社交水平和办事能力来讲，办这样的事情确实没有问题，但真正要办成，却只能再等等。不是他让你等，而是他的圆滑，让周围的人在思考与其合作时非常慎重。

人都不是傻子，很多事情，只是心照不宣而已。如果因此就以为别人中计，那自己就成了傻子。

有一个朋友，年轻、有才，但最大的缺点就是太圆滑。刚开始的时候，在圈子里很吃得开，朋友们一块吃饭的时候，也经常叫上他，听听他的一些见解，试图跟他合作一些事情，但每次跟他合作，他都会赚点便宜。刚开始还好，大家彼此顾及面子，也就过去了，后来大家就都烦了，他也就被驱出了这个圈子。

做人本来就要虚虚实实，太实了，难免缺少意趣，与人相处，会让人觉得很闷。做人，不仅要实用，而且要让人舒服，必要的时候，还要有一定的手腕的运用。但如果尽玩虚的，没有实的，让别人抓不住，拎不起，因为过于玲珑而让别人失去了信任，那就是聪明反被聪明误了。

圆滑与实在的区别在于是否靠得住。同样的任务，不同的两个人都回答"没问题"，这个回答是有区别的，圆滑的人的肯定回答是靠不住的，而实在的人的回答则是靠得住的。如果扩展开去，一个圆滑的员工，尽管能力很强，但成绩却不一定很好，因为他不一定尽全力，并且，即便他有所成就，但比起其他实在的员工，你要在他身上多花几倍的努力。而实在的员工，只要进行表面上的控制工作，就可以实现有效的控制了。

可以圆滑，可以玲珑，但必须要有兜底的一面，当然这个底可以深一点。曾经在电视上看崔永元采访著名演员李立群，崔老师往往话里带话，一不小心，就掉进他的陷阱。而李立群则表现出另一种成熟，这种成熟就是先兜几个圈，然后看明白崔老师真正的意图，最后老实地回答。玲珑与圆滑有时也是自保的手段，但这种手段只是玩玩而已，但不可以无底线地玩下去。

圆滑分人、分场合、分程度，但圆滑最终一定要有实在的东西作为点睛之笔，否则圆滑就失之于不可靠。所以，圆滑的最高境界是稳重。

把拒绝当作抬高自己的资本

学会说不有这样几个意思：第一要学会拒绝；第二，要学会怎样拒绝；第三，要把拒绝当成一种抬高自己的手段。

比如有一项工作，属于出力不讨好的那种，领导在安排这样的工作时，一般都会有意地安排某几个人去做。因为这样的工作可做可不做，做了没有好处反而有坏处。之所以会有意识地安排某几个人去做，是因为这些人有共同的特点：要么这些人跟领导关系不好，并且能力也一般，属于领导特意“照顾”的人；要么就是这些人好面子，不好意思拒绝，也就是死要面子活受罪。

像这种工作，之所以会痛快地答应，也出于两种原因：第一，怕拒绝之后让领导心里不痛快，以后工作不好干；第二，说不出那个“不”字，尽管心里有一百个不愿意还是硬着头皮答应。

一个不会拒绝的人容易让人忽视。曾经在学校当过老师，学校里总是有些刺头，如果有什么好事，学校总是先满足这些人，当然有什么不好的工作，却不会交给这些人去做。道理很简单，多一事不如少一事，领导也希望息事宁人，而平时的那些老好人就成了冤大头。

所以，合理的拒绝不仅不会给自己带来不利的影响，反而会让领导重视。当然，拒绝也要讲究策略。被拒绝的滋味总是不好受的，拒绝总会在别人心中留下一些疙瘩，所以，拒绝也要讲究艺术。

比如，领导在经历过若干次思想斗争，并且在想了若干说服你的理由之后找你谈话，没想到你二话没说，就把这件事情答应了下来。换位思考一下，这种意想不到的成功，并不会让领导对你心生感激，相反，已经想好了若干种方案却没有机会实施，领导还会因为没有收获说服你的成就感而觉得失落。所以，答应可以，但也要在半推半就当中，让领导享受点成功的乐趣，给他们真正的成就感，顺便理解你的难处，理解你的大局意识。

能拒绝，会拒绝，并把拒绝当成一种资本，这是一个人应该学会的。会拒绝的人，绝对不会让别人因为遭到拒绝而不舒服。拒绝的最高境界在于，你拒绝了别人的同时，让别人对自己还心存歉意，或者在拒绝当中，提升了自己在别人心目当中的形象。

其实，关于说不的技巧，总结起来，就是三点：第一，给别人说话的权利。倾听别人的请求，先接住问题，而不是直接把问题拒之门外。第二，还回问题。这是一个让别人理解的过程，这个环节可以有多种方式，但总体原则就是让别人理解自己拒绝的理由，最好是让对方替自己做出拒绝的决定。大体意思就是："有这么多难处，如果是你的话，应该怎么做？"第三，当别人觉得没有希望的时候，力所能及地帮助对方一下，比如："你来借我一万块钱，你看我现在的情况，真是没有那么多，对不住，只能借给你一千，或者，我没有可借给你的，但我可以推荐一个可以借给你的人。"

拒绝是抬高自己的很好的资本，不要滥用拒绝，也不要不会拒绝，更不要轻易浪费了自己的拒绝。

不要参与内部不良竞争

一家公司，要想稳定、成熟地发展，必须要形成统一、健康的文化氛围，或者说形成一个利益的整体，并向着整体的利益共同努力。

但这只是一种理想的状况，说是理想，因为作为一家公司，尤其一家较大的公司，必然存在利益的分化，有利益的分化，就有利益主体之间基于共同利益之上的组合，这样，作为本来统一的公司利益，很容易就会分裂成各个小集体的利益。于是，公司当中出现帮派就在所难免了。

帮派的存在，是公司管理的一大障碍。

帮派的存在有积极的作用。尤其是作为公司的一个管理者，如果没有明确的团体利益诉求，很难在自己周围形成稳定忠诚的团队。一个团队的领导者，向上，代表的是公司的利益，向下，代表的是自己团队的利益。一个不能维护自己团队利益的管理者，很难成为一个团队真正的领导。团队利益的相对独立性，很容易引起公司利益的分割。

有人的地方就有政治，而且，管理本来就是处理人与人关系的艺术，在一家公司当中，帮派的存在并不是洪水猛兽。

帮派的存在是正常的，但让帮派做大，帮派之间的利益争斗超越了彼此之间的合作，帮派的利益超越了公司的利益，这才是不正常的。帮派存在是允许的，但对帮派的利益诉求要掌握一个底线。

有一家公司，有数个分公司市场。当然，各个分公司有自己相对独立的利益，在总部与各分公司的关系上，两者是存在矛盾的，这就导致了各分公司对总部自然的分离与抵触趋向。

作为总公司来讲，要想有效地实现对分公司的控制并不难：第一要解决人的问题，也就是各地市场的人事任免；第二，待遇的问题，也就是各地市场员工待遇由谁说了算。在这两个问题上，分公司应该有一定的权力，但总部一定要保留自己应有的话语权。

这家公司这两点是认识到了，但在执行过程中，却出现了问题。某家分公司在内部奖金分配上，悄悄越过了红线，而由于其领导与总公司的领导关系不错，这件事也就不了了之。但其他分公司也开始纷纷效仿。其实，一旦出现这样的事情，其他分公司肯定要进行效仿，因为如果由于没有效仿而导致团队内成员利益受损，必然会让团队士气受到打击。如此一来，管理就彻底乱套了。

后来，总公司自然对这件事情进行追查，对率先破坏制度的分公司进行了处理。

作为一名员工来讲，在公司政治当中，既要参与，但不要热衷，更不要主动拉帮结派。固有的帮派，一定是与公司对立的，一旦与公司对立，而自己作为公司的对立方的代表，自然不会捞到多少好处。

媚上欺下不可取

我们有时会说："做人要厚道！"其实，厚道包括很多意思，其中的一点就是对人要一视同仁。

要一视同仁地看待别人，说起来容易，做起来难。一个曾经坎坷现在发达的朋友，在谈起人情的冷漠时，对自己低谷时所遭遇的种种不平等待遇，总是愤愤不平，而对某些所谓的朋友，总有种种不满。

世人一般从表象看人，表象就是所谓的现在混得好还是不好。一旦飞黄腾达，门前立马车水马龙，一旦失意，立刻门可罗雀。毕竟像那种大胸襟、大气魄的人还是少数。

那些趋炎附势的小人，自然不必计较，因为那些真正能成就一番事业的人，自然具有不同于常人的格局和气度，而他们的格局和气度让他们不会轻视任何一个人。

几乎所有真正成功的人，都是要经历若干失败、若干磨难的。所以，你崇拜的人，很可能是一个暂时成功的失败者，而你所轻视的，也可能正是暂时失败的成功者。

我曾经遇到过这样一个投机者。那是一个很会钻营的人，并且，他的眼眶极浅。朋友当中有个在政府做领导的，他与之走得很近，并且对他的态度简直到了奴颜婢膝的地步，当然，对那些相对落魄的朋友，则极尽刻薄。一般这种人都是这样，对于他所划分的不同档次的人的态度泾渭分明。但十年之后，曾经的局长成了阶下囚，而曾经被他鄙视和挖苦的很多人则成了成功人士。当然，他在这个圈子里的人缘，也就不用多说了。

这正是聪明和智慧的区别，也是聪明经常与小联系在一起，而智慧则与大结合的原因了。智慧运用到一个较大的范围，一般对外，而聪明则一般针对自己人下手。所以大智若愚，因为智慧在“聪明人”看来很多时候就是愚笨，“聪明反被聪明误”绝对不是偶然的个例。

不轻视任何一个人，并不是对所有的人都重视，并不是追求“座中客常满，杯中酒不空”的境界。不轻视或者说一视同仁地看待人，是提高自己看人时的眼界。我们形容那些媚上欺下的人，说他们眼眶浅。眼眶浅，当然容不下人，以一时的成败判断人。浅薄当然就不厚道，不厚道自然就会投机。

其实，在别人跌倒的时候，顺便扶一把，这时的恩情更能记住。见风使舵、投机钻营，固然赚点小便宜，但人生也很长，轮流转的风水不断改变着这个世界，如果不厚道地做人，把赌注压在某些人身上，很容易随着这些人的败亡而让自己身败名裂。孔子曾经说过：“小人不可大受，只可小知也。君子不可小知，而可大受也。”厚道的人在小地方吃点亏，但会赚大便宜。

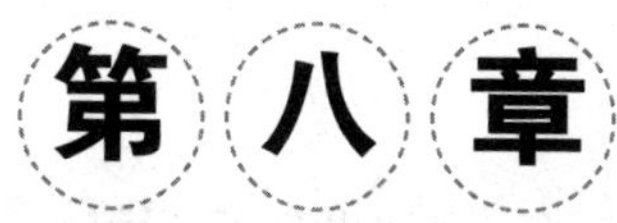

有缺点，就要改正

每一次发火，都是一场冒险

与相熟的朋友在一起，三杯酒下肚，情绪就上来了，声调也高了，而这时，几乎对所有问题的探讨最终都会沦为一场无意义的争吵。

惰性让人习惯被动地动脑，而不会主动动脑。尤其对相熟的人，在对方开口之前，我们就已经准备好了回答的言辞。对方提出的每一个问题，我们对之所作的评判，一般是不会动脑的，而所做的回答，当然就是根据自己的情绪。不动脑做出的评判当然就是对人不对事，是感性的冲动而不是理性的判断。

一次，找朋友咨询一个问题，谁知刚一开口，他就开始对我做长篇大论的批判。而那时我的问题还没有说完呢。而他所有的评判的根据，就是我之前所做的种种错误。我实在忍不住了，打断他说："你是否能平心静气地让我把这事情说完。"他这才平心静气听完了我的论述，也才知道他的批判完全浪费了感情。

在公司开会，有时候也会遇到这种情绪激烈的时候。一方还没有表述完，另一方就开始了慷慨陈词，而他所批判的与对方所表述的，完全驴唇不对马嘴。

对于一个问题，做出的任何慷慨激昂的阐述，基本都是片面的。情绪本身是盲目的，盲目的自然就很难走对方向。情绪激烈的表述，最显著的后果是自己有了发泄的快感。但激烈的情绪对于自己本身意思的表达是否有帮助呢？一方情绪的表达，必然激起另一方情绪的表达，一方如果表达的是对对方的指责，那另一方表达的自然是自己的不满。一个带着不满情绪的人，自然不会接受一方的批评和建议。

一个业务员见一个客户，因为对这个客户的偏见，这个业务员可能会对这个工作先做一番攻击，甚至直接拒绝这单业务。一个员工由于对领导的偏见，对任何从这个领导那里出来的指示，一概加以嘲讽和攻击。如此带着情绪工作，工作的效率与效果可想而知。

在工作和生活中，要学会不带情绪地思考，不带情绪地工作，不带情绪地谈话。

当然，人都有七情六欲，完全不带情绪也是不可能的，感性和理性是人对待事物的两个方面，很难在现实中分开。感性在对事物的评判和在与人交往中所犯的错误，不是因为自身的存在，而是因为其摆错了自己与理性的顺序。

一个团队的领导，不要随便对自己的下属发火，这是一个必须要坚持的原则。一个员工犯了非常低级的错误，经理把他叫过来，狂风暴雨一顿臭批。这里面，感性占了很大的成分，但感性是以理性判断为基础的。当感性始终有理性来把握方向的时候，感性就是对效果有效地加强，否则，就只会导致激化矛盾，人心向背。

每一次对下属的发火，其实都是一次冒险。比如，你声色俱厉地对一个下属发火。如果你的愤怒引起对方的重视和反思，则有助于批评效果的加强。如果对方根木不吃你这一套，跟你针锋相对地吼上了，这就很难收场了。

人可以适当地放纵一下自己的感性，但一定要把感性放在理性的后面。

等一等，不冲动的时候再决定

一个正确的决定来自审慎的思考而不是一时的冲动，所以，做决定的时候一定要理性而不要感性，而要做到理性地思考，在心态上首先要做到淡定与平和。

越是沉不下心来的时候，越要让自己沉下心来，如果不能沉下心来，就不要做任何决定，因为这时做出的决定，十有八九是错的。比如，在工作中，偶尔会遇到些不顺，偶尔也会对自己的前途无限迷茫甚至绝望，这时，处于一时激愤，可能会产生“不干了，辞职”这样的念头。念头归念头，但最好不要在这时付诸行动。因为这个结论是在心还不静的时候得出的，它不够理智。

任何正确的决定，都要经过审慎的思考。所谓审慎，就是不能凭一时的冲动或局部的证据。就像两个大男人打架，一个人忽然抬手给了对方一巴掌，问他为什么打人，他说，对方骂他。其实两个人关系一直挺好，称兄道弟的，而做出打人的决定，首先是一时的冲动，其次，并没有把两人的关系放在一个历史的整体中去衡量。所谓历史的整体，就是作为任何一个行为，都会引发相应的后果，而任何一个行为，当然也是由多种原因引起的。放在历史的整体中思考，首先要考虑是否有足够的证据，足够的原因足以让自己做出这样的行为，其次，这种行为一旦实施，所导致的后果自己是否能够承担。而在这个思考过程中，逻辑的严密固然重要，更重要的是要心静。因为心静，所有的证据才客观可信，值得采用，如果心不静，在搜集证据的时候必然偏向主观，得出的结论当然就出现偏差了。

冲动的结果是一时的痛快，却会带来长时间的痛苦。该做决定的时候，不能过多犹豫，但任何的决定都要在心平气和的基础上，经过审慎的思索。

有很多这样的经验：跟朋友或同事之间，以及和领导之间，有时无名火起，想立即做某件事情，或者做某项决定。这时，理智总是在告诉自己，等一等。等情绪平复之后，发现等一等的决定都是对的。但有时，也会告诉自己，很急了，还是决定吧，但这样决定之后，基本都是错的。决定确实很急，但再急，也要等到自己不再冲动的时候，或者，先让自己不冲动。

冲动的决定大都是错误的，一个错误的决定，要靠若干个正确的决定去弥补。甚至，有些决定一旦做出后，将会无法弥补。趁冲动的时候做决定的人，永远不会可靠。

抱怨不但能传递，而且能传染

一个人如果不停地抱怨，此人工作的积极性与效率自然会降低；一个团队的成员如果不停地抱怨，那么团队的工作就会停滞；如果一家公司中抱怨盛行，那公司自然也就该关门大吉了。

但抱怨一旦开始，又是很难禁止的，因为抱怨与反映问题很难界定。一家公司不需要抱怨，但需要反映问题。不能对抱怨和反应问题进行有效地界定，就不能有效地禁止抱怨。

抱怨和反映问题最大的区别在于：反映问题是就事论事，因此是对问题客观的表达，而抱怨是主观的评价，是个人情绪的反应。

反映问题，是为了解决问题，而抱怨，则是为了一时的痛快。只要一开始抱怨，总会回避该解决的问题。

一对婆媳闹矛盾，别人问原因，婆婆说：“媳妇事业心太强，从不干家务活。”媳妇说：“婆婆老是无缘无故给我脸色看。”其实，要想化解这个矛盾也不是很难，但最后闹到不可开交的地步，是因为双方都在抱怨，没有真正地就问题进行沟通。生活中，尤其在家庭生活中，人们习惯于用情绪来表达问题，而不是客观地进行沟通。但一旦把问题带有情绪地表达出来之后，就成了对对方的指责甚至谩骂，表达方式的不同，导致表达的意思也就变了。

在公司里，我们经常听到这样的声音：“技术部门整天在做什么？就这么个软件，这么长时间也开发不出来？”这就是抱怨，因为虽然里面反映了问题，但问题里面带有指责和不满的情绪，这样的问题如果如果用来质询技术部门，一般得到的不是对问题的解释，而首先是情绪的对抗。即便对方可能会做出耐心的解释，但第一反应肯定是：“你什么意思？你懂个屁，就到这里来乱叨叨。”这样几个回合下来之后，本来寻求问题的解决，就变为情绪的对立。当然，这还是比较温和的抱怨，比较激烈的抱怨，就是回避问题，而直接表达情绪了：“这个公司没治了，没法干了！”真正的反映问题是这样的：“这个软件对我们下一步工作开展很重要，不知道做出来还需要多长时间？”

反映问题，不能带有情绪，不能带有指责。抱怨得到的回应，必然是另一个抱怨。抱怨不仅能传递，而且能传染。

一个家庭中不能正常地反映问题和解决问题，最终就只能让家庭成员之间用带有情绪的抱怨来解决问题，而用抱怨解决问题，只能导致相互之间矛盾越来越深。一家公司里如果不能正常地进行沟通与交流，也必然会导致抱怨的盛行，同样会导致员工与员工之间甚至员工与公司之间关系的紧张。

不打听，也不传播别人的隐私

或许，会有这样一种人，把你当作最好的朋友，把自己所有一切隐私都告诉你。

不错，能把所有隐私都告诉自己的，一定是对自己非常信任，但对一个职场上的同事，一股脑把自己的隐私都告之的人，也一定是一个感性的人。一个理性的人，永远不会这么做的。既然是一个感性的人，他越靠近自己，越要小心。一个感性的人，非常容易因为小的触动而翻脸。

在职场上，远离任何隐私。

好奇害死猫，好奇也会害死自己。因为好奇，很多人喜欢打听，有些人喜欢听小道消息。

一个掌握着别人秘密的人，是一个危险的人，如果一个人掌握着很多人的秘密，那这个人就很容易变成众矢之的了。

永远不要让自己成为谣言的起点，也尽量不要让自己成为谣言的终点。不要说那些不靠谱的事情，也不要听那些不靠谱的事情。一个不听不说的人，不会成为被怀疑的对象。一个既听也说那些不靠谱的事情的人，是一个不靠谱的人。

但不说容易，不听却难。当别人说的时候，即便掩上耳朵也来不及。

在红楼梦中有这样一幕：薛宝钗追蝴蝶追到了小红的门外，听到小红正和另一个丫鬟坠儿说一些私密的事，宝钗听到心中吃惊，因想到："今儿我听了她的短儿，一时人急造反，狗急跳墙，不但生事，而且我没趣。"由于她已经到了亭外，躲不了了，所以使了个"金蝉脱壳"的法子，故意喊"颦儿，我看你往哪里藏”，还问小红和坠儿：“你们把林姑娘藏哪里了？”两人在说不知道的同时，心里又十分着急，从宝钗的话中可以知道，林黛玉可能很早就躲在这里，如果真的如此的话，那她们的谈话自然就被林黛玉全听了去，而这件隐私，一旦被心眼小的黛玉听了去，后果自然不堪设想，因此，自然对黛玉生出了几分恚怒。

这个场景从另一个方面也告诉了我们对待别人隐私的态度，以及撞破别人隐私时的应急办法。首先，远离别人的隐私。“今儿我听了她的短儿，一时人急造反，狗急跳墙，不但生事，而且我没趣。”宝钗的这番话很有警醒意义，不管是撞破还是知道了别人的隐私，总是有意无意地揭了别人的短，会让别人防备，甚至背后对自己下黑手。其次，一旦撞破别人的隐私，要巧妙掩饰，通过各种途径让别人知道自己不知道，就像宝钗，话里的意思非常明确，就是：“我刚来，你们在这里做什么我根本不知道。”

不要打听甚至知道别人的隐私，包括别人出糗的事情，也不要知道。比如，觉得领导要批评别人了，要远远地躲开；去敲领导办公室之前，先听一下有没有人在里面挨训。只要小心，就不会撞破，也不会知道。

职场当中，不能太好奇，如果因为好奇，知道了别人太多隐私，不仅会让自己与别人相处的时候尴尬，更会让自己在职场中处境危险。

宁肯寡淡而让人忽视，也不要浓烈而让人腻歪

在武侠小说中，门派有正邪之分。门派有正邪，武功自然也有正邪。在武功上，正邪之间的最直接的区分是：名门正派的武功，越练越厉害，而邪派的武功，虽然能在短时间内让人武功大进，但损害身体，练到一定程度就难以再进步了。

在职场上，存身之道也有正邪的区别。这如同孔子说的："小人可小知而不可大用，君子可大用而不可小知。"如果放到职场上，也就是那些嘴上抹蜜，本事没有，靠拍马逢迎的人，短时间内会上升得很快，这就是所谓的小知，但终究不能大用；而那些老老实实，凭真本事吃饭的人，一步步踏踏实实，终究会赶到小人前头。

职场上的正道，很简单，就是低调做人，高调做事。老老实实，靠不断增长自己的实力来不断取得进步。靠歪门邪道，投机倒把，终究走不太远。

在职场上，哗众取宠，投机取巧，终究会被别人厌弃。如同米饭馒头，寡淡无味，但百吃不厌，即便偶尔厌了，过一段时间，又会想起来。而越是浓烈的滋味，虽然有时特别想吃，甚至欲罢不能，但一吃多了，就腻歪，以后再也不想沾边。

一个人，表面上看起来平淡朴实、毫无过人之处。相处得久了，越相处，越觉得值得交往。而那些个性太强、热闹张扬的人，不缺朋友，但很少有长久的朋友。比如，一个人特别能说，特别热情，但其实质并不如其表现的那样古道热肠。时间一久，自然就见人心。

在职场上，没有必要投机取巧，更没有必要哗众取宠。一切的旁门左道，到最后，只能搬起石头砸自己的脚。

越急于表现自己的能力，越呈献给别人自己的无知

人需要谦虚、宽容、大度，大部分人都觉得自己就是这样的人，但实际生活当中，很少有人能真正做到。

越是无知的人，越是要掩饰自己的无知；越是要掩饰自己的无知，越是要表现自己的能力；越是急于表现自己的能力，越是显示自己的无知。最后，就只能成为吹毛求疵与愤世嫉俗。

任何的工作，只有脚踏实地才能更好地完成，吹毛求疵和愤世嫉俗，只能让自己浮起来。没有一个人能浮起来还能很好地做事。做事，要有沉下去做事的姿态和态度，而要让自己沉下去，仅仅低调是不行的。低调只是姿态。有正确的姿态是前提，在有正确的姿态的基础上，还要有正确的态度，这种态度就是诚恳。

一个人极力掩盖的地方，一定有其缺点；一个人极力吹嘘的地方，必定有其无知；一个人极力辩解的地方，必然有其错误；一个人极力显摆的地方，必定有其不自信。

一个诚恳的人，必定对其缺点不掩盖，对其能力不吹嘘，对其错误不掩饰，必定是一个自信、自然的人。而正是因为其自然，所以，别人才会去发现他的优点，而正是因为一个人的不自然，才会让人去发现他的缺点。

诚恳，是一个职场新人首先要学会的品质。不管是做人的低调，还是做事的高调，但都有一个前提和基础，这个前提和基础就是诚恳。离开了诚恳的高调和低调，最终都会走调。

职场上的诚恳有很多种，其中最重要的就是：在没有真正了解整个行业之前，不要认为自己很杰出；在任何领域当中的无知，并不可笑，只有掩饰自己的无知，才会让自己可笑。

当然，职场的新人大都面临这样一个尴尬：在面试的时候，我们都会把自己往好处说，这自然让自己在职场当中，一开始处境不是很有利。如果再好面子，那么一入职场之后，必然就要不懂装懂了。

在职场当中，不要让自己成为滥竽充数的南郭先生。滥竽充数的故事大家都听过：齐宣王爱听人吹竽，每次要集中三百名乐工一起吹。南郭先生不会吹竽，但他千方百计地加入了这支乐队，每当乐队演奏时，他就学着别人东摇西晃，竟然蒙混了几年，后来，齐宣王去世，他的儿子齐泯王继位。齐泯王也喜欢听竽，但是他爱听独奏。东郭先生立马收拾行李溜之大吉了。

一个职场新人，大家会默认和容忍其不懂，而如果此时，自己非要装成什么都懂，那么剩下来的主要工作，就要极力掩饰自己的不懂。而到最后，自己当然还是不懂。

不懂装懂，只能让自己更加不懂。

在职场上的不懂装懂，最终只是自己对自己的一场恶搞。而让一个人不懂装懂的最初起因，就是不诚恳，因为不诚恳，所以要掩饰自己的无知，之所以要掩饰自己的无知，是因为自己的虚伪与狭隘。所以，如果自己已经开始为自己的不懂装懂而不断地付出代价，那请回到问题的起点：让自己诚恳一点。

养成赞美别人的习惯，改掉贬低别人的毛病

年轻人容易不满，对任何事都不满，对事的不满又会最终归结到人身上。而年轻人心里又藏不住事，所以，就容易对这个看不起，对那个不满意，并把这种不满放在心上，挂在脸上。

人的大多数不满，不管有多少理由，最终的目的大都只有一个，靠贬低其他人或事来抬高自己。

比如：某某做事太不地道了，本来我可以做得很好的，没想到他竟然这样拖我的后腿。这种对别人的批评意图很明确：不是自己不行，而是别人太差。还有一种人，在他的眼中，没有一个人能入他法眼：这个人太小气，那个人能力太差；这个人这个地方不对，那个人又什么地方做错了。总之，周围没有一个可以合作的人。

从理论上来讲，这种贬低对自己的绝对高度没有丝毫影响，但人还是满意一种相对的高度。而从更看重绝对高度还是相对高度，完全可以区别出不同人的气量和素质。如果这种贬低再经常挂在嘴上，这种气量就更被突显了。在职场当中，像这种靠贬低别人来抬高自己的人并不鲜见。经常在坐公交车的时候，听见有人喋喋不休地数落公司当中某某多么的不堪，而自己又是多么的聪明。当一个人的脸上挂满不屑的时候，我们所得出的对这个人的印象不是他有多么杰出，而是这个人是多么的浅薄。

在职场上，不管是通过显摆自己还是贬低别人，也就是不管通过乞求别人赞美，还是通过踩踏别人而抬高自己，都显示了自己的虚——心虚、虚伪。通过贬低别人来抬高自己，如果是通过口头来表达的，则让人感觉到不可靠。尽管自己觉得自己是快意恩仇、心直口快，但别人并不这样想。试想公司里如果有同事，今天跟你说这个的不是，明天对你说那个的不对，你会怎么看待这个同事，心胸狭隘，这是一个自然的评价，引申出来就是这个人不可靠。

在职场上，不要随便贬低别人，而是要养成随时赞美别人的习惯。贬低别人，不会抬高自己的绝对高度，却让自己以拒人以千里之外的架势，固步自封。每个人都有缺点，也都有值得挑剔之处，而每个人也都有优点，也都有值得赞美之处。如果说贬低别人，是自我封闭的一种方式，而赞美别人，则是敞开并放低自己。在职场上，只有敞开并放低自己的人，才能接受与容纳，也才能更好地进步。

有朋友曾经教给我一句话："当别人跟你说某个建议的时候，你要说，你这个想法真好，我怎么没有想到呢？"这不仅是对别人的感谢，也是一种委婉的赞美，如此，不仅迅速拉近了与对方的距离，而且能迅速让别人打开心扉，愿意跟你说些心里话。

为人要直，做事要曲。职场是做事的，所以，很多事情要转个弯，不要直来直去。

玩笑开不好，就会让自己可笑

适度的幽默，那是睿智。

过度的玩笑，那是庸俗。

胡乱开玩笑，那是恶毒。

由此看来，适度的幽默是可以来一点的，玩笑嘛，就算了。尤其在职场上，不要开别人的玩笑，也别让玩笑开在自己身上。

玩笑，让彼此轻松，但过度玩笑的背后，是彼此的轻视。

孔子曾经说过：“君子不重则不威，学则不固。”重，是庄重的意思，不庄重，也就是嘻嘻哈哈哈，就没有威严。没有威严，即便学习，也不会记得牢固。往延伸处想一下，如果工作呢？当然也不会做得很好。没有一个庄重的工作态度，就会产生非常严肃的工作后果。

古人还有一个做法——易子而教。因为父母跟孩子时间长了，彼此之间可能有些失去了“师道尊严”，所以需要让别人来教。

看似跟玩笑没有什么关系，其实大了去了。有些人，不怒而威，有些人，即使发怒，也只会让人觉得可笑。有些人，对他的一行一动，我们都会给予非常的关注，而有的人，即便喊破喉咙，也不会有人听。

一个人，如果让别人一见了就想笑，除非他是喜剧演员，否则在职场上肯定是失败的。

有个词叫作老成持重。如果就做事来讲，老成持重的人最让人放心了，他首先认真，不轻佻、不浮躁；而一个经常开玩笑的人，不管能力怎样，总会给人一种轻佻、浮躁，至少不认真的感觉。如果一个领导，适当地开开玩笑，那是幽默，而一个普通员工，如果经常开各种玩笑，那就是不庄重、不认真，自然，做任何的工作也不会让人放心。

如果是一个新员工，不要参与玩笑，更不要成为被玩笑的对象，人只有先自尊庄重，才会赢得别人的尊重。

认识一个女孩子，在办公室，经常是大家开玩笑的对象，同时，也是标准的时常被领导拿来捏的软柿子。其实，这两者并不是偶然的重合，在职场上，二者的重合有其必然。之所以会出现这种情形，首先是因为其软弱，软弱的下一句就是可欺，尤其一个女孩子，楚楚可怜状如果往好的方面发展，是惹人怜爱，如果往不好的方面发展，只会诱人欺侮。更为关键的是，这女孩子不只软弱，还浮躁，经常跟别人开这样或那样的玩笑。她自己是想通过这种方式让自己更可爱，其实，没有实力的这种可爱，最后只能导致可欺。

人必先自欺然后人欺之，人必先自侮然后人侮之。

即便办公室黄色幽默盛行，也不要参与其中，语言与行为之间，仅一步之遥。不要跟同事没有尺度地开玩笑，玩笑开不好，会让自己可笑。

最为关键的是，自身一定要正，自身正了，玩笑自然也会绕着自己走。

自律是撬起一切的支点

有这样一种员工，进行工作安排的时候，总会谈条件："我不希望被管得太紧，所以我需要一个自由的环境，只要给我自由，我一定会做出很好的成绩。"没有经验的领导很容易被这样的员工蒙蔽，于是，就给他充分的信任，充分的自由，然后等待他的好消息。当然，这消息总是迟迟不来的。因为领导最终会发现，只要给对方自由了，对方一般会选择什么都不做。如果这时候问他："为什么不做？"回答一般就是："不知道该怎么做。"

一个真正能干事的人，总是善于自律的人。当一个人不愿意接受这样或那样束缚的时候，表面上是不善于接受他律，而说到底，还是不能自律。因为一个自己都懂得约束自己的人，很难想象不愿意接受其他应该遵守的规则。反之，一个不愿遵守普遍应该遵守的规则的人，很难想象会自己给自己加上规则。

一个不能接受他律的人，说到底，是不愿意自律。

清朝的中兴重臣曾国藩，是一个智商平庸，而情商超常的人，而曾国藩在情商上的过人之处在于其把儒家文化的自省精神真正贯彻了下来。所谓的自省，就是对自己时时刻刻地检查、检讨，这当然就是严格的自律了。曾国藩不仅是自律的典范，在遵守伦理纲常以及他律方面也是典范。而曾国藩从一个智商平平的人，最后成为清朝中兴重臣，与他的自律是分不开的。

因此看来，在自律不能完全实现的时候，才会选择他律，而一个连他律都不能接受的人，根本都不敢指望他能自律。

对一个自律的人来讲，规则并不是一种束缚，只有对那些试图打破规则的人而言，规则才是束缚。当然，要求废除一切加在身上的他律的人，只是感到了外在过多束缚让自己不舒服，而没有认识到自己不舒服的原因并不是外在的束缚，而是自身不善于自律，或者说自己对自己太过宽容，不愿对自己开刀。当有外在束缚存在的时候，这些人还能被迫做点事情，但一旦外部的束缚去掉了，他们对自己的宽容，当然会让他们一事无成。

各种各样的规则带来的不便是客观的存在，即便自己创业，自己做自己的老板，也不能够随心所欲、为所欲为。只要有人群聚集的地方，必然有规则，想要在规则之下成功，就要遵守规则，利用规则。也只有那些善于利用规则，善于处理障碍的人，才能真正有所成就。所以，不要被别人所谓的特立独行和天马行空所蒙蔽，更不要被自己的自由精神所欺骗。当感到他律给自己带来很多不便的时候，先反省一下，自己是否需要自律。

总会有人说："给我一个支点，我会撬起整个地球。"但问题是，即便给了他一个地球，他也找不到一个支点，因为这个支点就是自律。

第九章

不伤害别人，更不要被人伤害

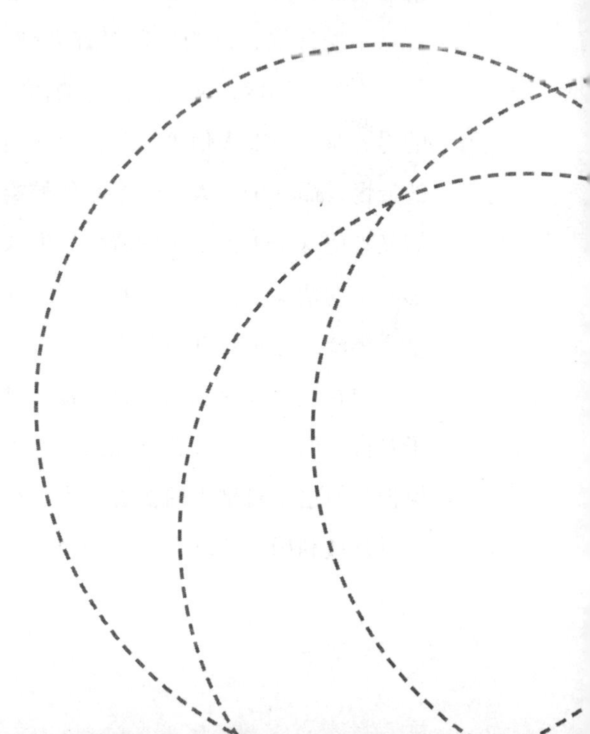

怀疑伤害别人，天真伤害自己

面对这个世界，我们是该相信呢，还是永远怀疑？

有人曾经谆谆告诫我，害人之心不可有，防人之心不可无。

不可有害人之心，倒是容易做到，但常备防人之心，却让自己非常为难。防人之心，意味着对每一个靠近你的人保持三分警惕，笑容的背后要准备好刀刃，藏起自己的真心。不相信爱，不付出真情。从来别示人以真，永远待人以假。

有个同事，对这个世界的警惕性极高，对你说过的每一句话，他都要咀嚼半天，对你任何有意无意靠近他的举动，他都会避开。你对他做的任何事情，他都会怀疑你的用心。每次与他交往，都感觉到很受伤。

不愿怀疑，因为怀疑对好人是一种伤害，尤其是对那些真心对自己的人。但不去怀疑，又是对自己的伤害。在电影中，当我们看见一个心怀叵测的男人对一个女人信誓旦旦，海誓山盟的时候，总是希望那女人要保持十分的警惕，而一个男人对一个心如蛇蝎、满嘴谎言的女人痴心一片的时候，我们又希望这个男人尽早的清醒。但这只是作为一个局外人，在对一切的结果都明了的情况下作出的评判，但在现实中，一切都在模棱两可之中的时候，是要怀疑，还是要真心对待？

要怀疑，还是相信，是非常难拿捏的事情。难道仅凭蛛丝马迹就怀疑妻子对自己的忠贞，或者仅凭只言片语就怀疑丈夫的忠诚？怀疑，是对自己的保护，但也是对别人的伤害。当为帮助一个信任的朋友倾尽全力，却发现自己只是被利用，或真心爱上一个女人的时候，却发现她无比低俗，这时的痛苦就只能打掉牙往肚子里咽了，承认自己是二百五算了。

害人之心不可有，防人之心不可无。信任别人是一种美德，防备别人是一种智慧。在职场上，既要有信任别人的美德，又要有防备伤害的智慧。在两者之间，信任是前提。信任并不意味着就要放弃抵抗，信任也是有程度，有底线的。灵活掌握信任的程度和底线，是防备伤害的前提。首先，对不同的人，信任的程度要有所不同，其次，自己要掌握住信任的底线，尤其在职场上，关乎自己前途的事情，不到万不得已，不要交给别人，自己的一些隐私，不要透露给别人。

有保留地信任一个人，不要轻易怀疑一个人，另外，再让自己具备良好的判断力，自然就既不会伤害别人，又不会伤害自己了。

一个鄙弃制度的人，最终将被制度鄙弃

一个鄙弃制度的人，最终将被制度所鄙弃。但总有很多人，喜欢凌驾于制度之上。

凌驾于制度之上而不被惩罚，是为特权。所以，一些浅薄的人一旦做出点成绩，总喜欢故意凌驾于制度之上而表现自己的优越。比如：经常性的迟到，不按时写工作报告，别人开会的时候自己不参加……

不遵守制度而不被制度惩罚，在有的人看来是一种荣耀，但这种荣耀也伴随着很大的危险。一个不遵守制度的人，在面对制度的进攻时，必定手足无措。规则不仅仅是一种限制，而且还是一种保护。把制度踩在脚下的人，一旦制度翻身，却会被名正言顺地杀掉。

如同开车，要永远遵守交通规则。遵守交通规则不仅是对别人生命的尊重，也是对自己的保护。不遵守规则，虽然偶尔会占到便宜，一旦出现事故，损失的可就太大了。

很多人还是“勇于”挑战规则的，要么用来体现自己的另类与勇气，更多的还是希望通过捷径来获得一点好处。如果挑战规则是要用来证明自己，那首先要掂一下自己的斤两，并不是所有的人都能承担得住挑战规则的后果。对规则做挑战，要么使自己成为开创者，要么会输得很惨。刘邦是典型的规则挑战者，他成功了，而更有无数的人也曾经像刘邦一样，挑战过，但不仅死得很惨，而且还被扣上造反者的帽子，连死后都不能翻身。

相对于西方文化来讲，东方文化比较拘谨，容易强调对规则形式上的拘泥。但历数古今中外的英雄，无疑不既是某些原则坚定的捍卫者，同时也是“我就是规则”高调的开创者。普罗米修斯、罗宾汉、盘古、夸父，有破有立才是英雄，只破不立是混混。

一个真正聪明的员工，绝对不是那些挑战规则的人，而是遵守规则的模范。而那些为挑战而挑战，为破坏而破坏的人，只能是江湖小混混级别的。不遵守规则就注定拿不到台面上来，所以，这部分人只能进行一下鼠窃狗偷式的破坏，而不会真正有所建树。

历史如此，现实也一样，想想周围值得自己佩服的人，无不是那些有破有立的人。

不能颠覆和创建规则，就只有好好地遵守规则。但更多的人是落在这夹缝之中的：既有青春的躁动，想颠覆，又不能创建。比如，一个员工对自己的直接领导不满意，于是经常性地越级反映问题。时间一久，领导的领导就面临一个问题：是要批评这个员工的领导，还是让这个员工乖乖地闭嘴？但大多数时候，领导的领导选择是后者。即便领导的领导借这个员工，把这个领导拿下，这个员工取而代之的机会也不大，一个不守规则的人永远不值得信任，也不值得尊重。

规则是在博弈当中最现成的武器。只要遵守规则，即便错了，最多也就是被人指出有在性格上保守这样一个弱点。如果不按规则出牌，那错了之后，可就不是弱点了，那就是有意地破坏，不管从动机还是效果上，都没有可原谅之处，这时再被人处罚，就连解释的机会可能都没有了。

当然，遵守规则并不是墨守成规。有智慧的人不是被动地遵守规则，而是合理地利用规则。只有善于利用规则的人，才是真正的强者。

君子别得罪，小人更别得罪

不要得罪君子，因为君子没有必要得罪。

更不要得罪小人，因为一旦得罪小人，他会抓住每个机会报复自己。

总之一句话，除非不得已，不要轻易得罪人。朋友可以不交，但人不要得罪。

经常出差的朋友，可能都曾遇到过这样的事情：一个路口上，竖着一块牌子——“前方修路，请绕行！”牌子就插在一堆土上。即便有人想试着过去都不可能，几十里路，简简单单的一堆土，就足以让所有的车辆止步。得罪人，就是在自己前进的道路上，摆上若干堆这样的土，土堆不大，但已如铁索横江，让自己进退不得。如果自己处处得罪人，当然在社会上就寸步难行了。

不要得罪人，还有一层意思：这个世界有时很小，自己永远不知道下一时刻会遇见谁，但有一点是肯定的，谁都希望遇到的是朋友，而不是敌人。曾经有一个客户，是一个非常蛮横无理的人，在经过其百般刁难之后，终于跟他结清了项目款项，于是找个机会，臭骂了他一顿。有好几天的时间，我都因为出了一口恶气而偷笑。但高兴了没多久，在拜访一个新客户的时候，我竟在那里遇见了他，而他与我的新客户，是要好的朋友，结果便可想而知了。

一个人受老板指派对公司的某个部门进行改革。改革是很难的，因为改革总会损害一部分既得利益者，而这些既得利益者一般都是有背景有根基的。改革说白了就是得罪人，而改革成功与否的关键也在于如何得罪人。

此人领导的这次改革很成功，因为他改革的第一步是先清退人。对那些无法改造的被得罪者，坚决清退。被清退者不多，但已经足以改变整个的敌我态势，被清退的人，当然是得罪了，但因为已经被清退，也就产生不了多少消极的影响。那些处于被清退边缘的人，经过一段时间的徘徊之后，出于对被清退的害怕，最后必定会选择站在改革者一边。这样，敌对情绪就化解了，改革也就顺利了。

在工作中，还有一种情况，就是对待那些该得罪，但是又无力得罪的人，对待这些人该怎么办？其实古人早就教给了我们很好的办法，那就是“敬而远之”。“敬而远之”这句话很妙，与“惹不起，躲得起”异曲同工。有些人见了之后要绕着走，不要招惹，更不要得罪。

躲是一个妙招。除了躲之外，还要学会忍，而忍则是另一番功夫，不仅对那些看不惯、惹不起的人要忍，而且对那些看不惯、惹得起的人，也要适当地忍。不要得理不饶人，更不要为图一时口舌之快，而轻易得罪跟自己站在一起的人。

与客户做朋友是一种冒险

要跟客户做成朋友，但不能以朋友的模式来培养客户。

处理好与客户的关系，是一件很难的事情。谈客户的目的，就是要把对方的钱拿出来装到自己口袋里。让一个人把自己的钱拿出来交给你是有前提的，也就是这个人必须相信你能给他带来超过他付出的利益，至少也不至于会带来损失。信任是跟客户关系得以维系的前提，没有信任，就没有交易。

信任包括两个方面，对所推销的产品的信任，或者对进行推销的人的信任。对产品的信任必须建立在产品有知名度的基础上。如果产品没有知名度，就只能靠对人的信任了。所以，业务员的素质非常重要。

作为一个成功的业务员，必须要善于取得商家的信任。这样，一个问题就摆在面前：是否要与客户做成朋友？

这里，首先要对朋友关系进行界定。真正的朋友，是以感情交流为基础，而不牵扯其他利益的。朋友之间彼此对对方可以无怨无悔地付出，友情可以看做非血缘关系的亲情。而这点，在商场上能做到吗？

有时，我们说一些优秀的业务员人脉关系很广，到处是朋友。其实，这里的朋友概念与真正的朋友概念是有区别的。这里的朋友是以交易为基础的，之所以看起来是朋友，是因为彼此了解，有共同语言，更能彼此信任。这种关系也是一种友好的关系，但这种关系，是为了更好地合作。

更确切地说，是应该与客户建立友好关系，而不是做成朋友。即便在生意场合上经常见人彼此称兄道弟，朋友相称，但这种做法不过是以表面的友好拉近本来疏远的距离，这种朋友只能是表面的，而不是本质的。

有时候，业务员也会与客户成为真正的朋友，这时，双方就有感情的交流了。交易一旦牵扯感情，就容易出现偏差。

比如有业务员问，某某是长期客户，已经是朋友了，如果他提出要额外的优惠怎么办？或者说，跟某某关系很熟，是朋友了，这样的要求是否太过分？

与客户的朋友关系是用来拉近距离，消除彼此的陌生与试探，增加彼此的了解与信任。朋友关系在交易过程中的涉入仅此而已，如果以情感作为交易的筹码、优惠的条件，不论哪方提出来，都过分了。

与客户维持朋友关系的好处在于，需要长时间的谈判才能解决的事情，一个电话就能搞定。这种朋友的好在于彼此信任并从不欺骗，在于给予对方最惠的待遇而不是额外的优惠。

如果处理不好这种度，与客户之间的关系就会以交易开始，而以情感结束。

要防备“职场朋友”的伤害

同事关系跟同学关系是不同的。同学之间的交往，彼此之间更多是情感交流，而在职场上，同事之间，相互之间的关系主要是利益的联结，虽然彼此之间也有貌似情感的交流，但这种交流很难在利益之外无干扰地进行。

基于共同的利益关系，同事之间也会相互走到一起，但基于利益的关系，也会因为利益的变动而变动。更无奈的是，在职场上，相互之间利益的变动又是经常性的。同事之间出现工作的变动、职位的调整等变化的时候，彼此之间的关系当然也会出现变化了。或者双方之间出现利益上的直接竞争，或者，一方成了另一方的下属。外在的利益关系的变化，直接导致彼此感情的变化。

同学之间有时也会打打闹闹，但那些打闹，大多不是带着根本利益性的，玩的成分居多，所以，这样的打闹，有时不但不会造成双方的隔阂，还会增进彼此之间的感情。但同事之间的矛盾却要严肃得多，同事之间的分歧一般都是现实的利益上的分歧，这些分歧是不能闹着玩的，所以，一旦出现矛盾，友情的缝隙就比较难以弥合。

所以，在职场上，很难交到真正的朋友，基于这一个基本的事实，在职场之中有几点是必须要做到的。

第一，有限度地公开自己的私生活。公司的生活是枯燥乏味的，枯燥的生活让人对朋友充满渴望，在相处之中，逐渐地就把自己的一些隐私透露出去了。作为朋友，这些事情倒是无所谓，但同事之间是不可避免地存在竞争的，一旦竞争，这些就成为别人攻击的把柄。而且，这些把柄都是非常致命的。比如，相熟的彼此之间，经常会讨论领导或者同事，当然，这种讨论很多时候都带有攻击性。这种讨论一般是小范围传达的。有时候，自己干过的一些糗事，也会当作笑料告诉别人。本来这些事情都是无伤大雅的，但一旦对方成了自己的敌人，对你的伤害就是致命的。

第二，轻易不要借钱给别人。作为职场上的人，关系的亲疏是不能确定的。当关系好的时候，借给别人钱，一旦关系疏远了，这笔钱可能就打水漂了。再者，一旦借给别人钱，自己必然就被放置于一个很不利的地位。

第三，不要轻易吃请。如果一个聚会，实行的是AA制，倒还可以考虑，因为这样的聚会不留尾巴，如果是别人请客，倒要三思了。因为老是让别人请，名声必然会越来越臭，如果遵循礼尚往来，那势必就被牵扯到人情的是非当中了。

第四，职场不是学校，同事不是同学。在职场上，朋友到敌人的转化率是很高的。所以，既要防止朋友转化为敌人，也要防备一旦朋友转化为敌人之后对自己的伤害。

没有足够实力，就别冲在前面

没有把控的能力，就靠后站，否则，就会成为别人的靶子。

常听人说，“出头的椽子先烂”“枪打出头鸟”，其实也未必，一味地躲在别人后面，恐怕只能吃别人的残羹冷炙了。该出头的时候，还是要出头的，但什么时候应该表现自己，什么时候应该躲在别人后面，这里面是大有学问的。

有实力，能盖得住场子，这时候出头，能一呼百应，能扭转乾坤，这时如果不出头，反而是保守。没有实力，靠咋咋呼呼，什么事情都抢在头里，那只能让人用枪打了。即便不挨枪，也会被人扔臭鸡蛋、香蕉皮。

一个人并不是不允许别人超过自己，也不是不能容忍别人在自己的头上。关键看这个人是谁，有没有足够的实力让自己服气，有没有本事让自己低头。

一次跟朋友出去吃饭，酒过三巡。人借酒力，有个哥们儿逐渐开始张扬得没谱了。不仅把自己吹得无所不能，而且愣充大款。在他一枝独秀的表演之下，自然，那晚上的消费全部由他买单了。在座的各位也心安理得：谁叫他这么“有本事”。但话说回来，如果他真的如他所吹的那样有钱、有本事，估计那天晚上也不会让他请客。之所以他成为了别人压榨的对象，是因为他的高调与他的实力并不相符。

有这样一则寓言故事。兔子有一次跟乌鸦闲谈：“怎么发现你整天无所事事，只知道站在树枝上唱歌？”乌鸦说：“我整天就是吃饭，吃完饭就没事了，当然就只好唱唱歌了。”兔子听了很郁闷，想：“为什么我就不能像乌鸦一样呢？”于是，它吃饱了也站在树下唱起歌来。但没唱两声，就被一只狼发现了，过来把它叼走了。高调要有高调的资本，要认清自己所处的位置，否则，注定成为别人打击的目标。

一些所谓的职场前辈，总是谆谆教导那些菜鸟：“要勇敢亮出自己！”话是不错，但要瞅准时机。亮出自己的时机很重要，同时也要量力而行。如果一件事情，自己力不能逮，却强要出头，那注定就会被别人斩杀了用来祭旗了。

刘邦在年轻的时候，流氓而且高调，在参加乡绅吕公的派对时，写了一张贺钱一万的礼单送了进去，其实他一个子儿也没带。要说一般人的话，见好就收，混点吃喝算了，但刘邦却进门便高喝“贺礼万钱”，并大喇喇地坐在上座。像这种事情，没有两把刷子当然是做不出来的。刘邦敢这样做，能这样做，也自然是有其性格、气质作为资本的。同样的境况下，如果换做别人，不仅不能上座，可能还会饱餐一顿棍棒了。

高调还是低调，要看情势、看自己的实力而定。调子起得太高，控不了场，只能自己搞砸。

一不小心犯了众怒该怎么办？

小时候，村里有牛群，那时候，大人总是嘱咐，牛群来的时候，一定要躲得远远的。因为一群牛一旦受了惊，或者遇到什么而兴奋地奔跑起来，那势头是相当惊人的。

一个团队，一旦受到某种因素的影响，也会产生让人难以控制的力量。当然，一个团队不会像惊牛一样满街乱奔乱踏，但他们的集体情绪的低迷，会让团队陷入低谷，而集体情绪的亢奋，则会让团队发生潜在的骚乱，更常见的是一个团队整体的敌对情绪，会让一个团队彻底地废掉。很多人面对一个这样的团队的时候，往往束手无策。因为如同面对一群奔牛，任何的举动都可能遭致反噬。

所以，在职场当中，最忌讳的是犯众怒，面对一个愤怒的人是可以讲道理的，面对一群愤怒的人是没有道理可讲的。一个人的愤怒可以导引，可以压制，但一群人的愤怒就如同一个火药桶，一旦被点燃之后，就会爆发出毁灭性的力量。

愤怒，会让一群人非常容易形成共同的利益团体，成为一个火药桶，把任何试图招惹的人炸飞。任何的危险都要有人去消除，如果自己不幸被选中做这样一个点火者，就要有十足的自保能力。

在这样的情势之下保全自己的最好办法，就是分化这些团体。首先，要建立团队中成员与自己单向的利益连接，用这种连接来分化和弱化他们对你共同的敌对。战国历史上曾经出现过合纵连横两种策略的对立。合纵就是南北纵列的国家联合起来，共同对付强国，阻止齐、秦两国兼并弱国；连横就是秦或齐拉拢一些国家，共同进攻另外一些国家。其实这就是联合与分化瓦解之间的对立与斗争。

我自己就有过这样的经历，当时被委派去解决这样一个团队的问题，当时解决的办法也很简单，那就是不要用团队的目光来看待他们，而把他们还原为一个个具有个性，有着不同特点和想法的个人。如果一个团队的问题难以解决，单个个人的问题就好解决了，而只要解决了单个个人的问题，当然就解决了团队的问题。

在职场中，分化敌对还可以通过安排分解的任务来实现。比如，现在要做一个策划，如果这个策划直接交给一个有抵触情绪的团队去做，那指定完不成，因为很明显，团队已经不在控制范围之内了，但团队中的个人还没有失控。这样，就先挑出一个人，做策划中的业务内容，这个应该不难，再挑一个人，做文字的工作，也很容易，然后就是设计的工作。

项目的委派对象一定要独立于原先的团队，并且要执行新的秩序，新的规范。10个人的团队，理想的话，只要有4个人独立出来，原先的团队就瓦解了。如果团队中还有无法改造的顽固分子，那更简单，只要清理掉就行了。

其实，看似简单的一个过程，实际是对原有团队的一次重组。当然，是用一种顺其自然的方式，用新任务作为引导，从原先的团队中逐渐剥离出单个的人，重新组合在一起，形成新的团队。

任何的团队都有共同的利益，任何的团队也都有矛盾，只要充分利用了利益和矛盾，任何的团队都会被重新分化组合。

等不下雨的时候再赶路

世事如风吹沙，一夜之间，会把一座沙山搬到你面前，一夜之间，也会把你面前的一座沙山搬走。所以，当实在无路可走的时候，等一等是最好的策略。

一个人在无边的暗夜中胡乱奔走是最危险的。等下去固然危险，但行动更危险，那为什么不等一等呢。不要因为害怕，因为急躁，就让自己去冒那些没有丝毫意义的危险。等一等，或许事情会有转机，即便没有转机，最坏也不会坏过当前。

有次下班的时候正好下大雨，我带了一把伞，而同事没带，我暗自庆幸，打着伞，冒雨回家了。虽然有伞，但到家之后还是浑身湿透了。没过半个小时，同事也回来了，但他一点都没淋湿，我很奇怪，他说："等我走的时候，雨已经不下了。"

等一等还是一种有效的博弈方式。

等一等是竞争的手段，是耐心的比拼，是毅力的考验。在激烈的市场竞争中，有许多势均力敌的竞争对手。没有一方有绝对的实力压倒另一方，这时，耐心和毅力就成为竞争的决定性筹码。哪一方如果按捺不住，贸然进攻，一旦被对方抓住错误，可能就会陷入万劫不复之地。

等一等还是业务谈判的制胜法宝。无数次遇到这种情况，跟一个客户，一切都谈好了，但最终拍板的时候，客户不冷不热地告诉自己："回去等我电话吧。"这时是一个心理的较量，如果已经确定客户合作的诚意，那客户的这句话的意思很明确，就是看看是否还有优惠的空间。这时，就要等。如果火急火燎，一天三四个电话催客户，你越急，客户越拖，知道最后你坐不住了，对方又会抛出一个条件。

这时候，你最应该做的，就是什么都不做。等一等，让对方着急。

等一等，还是一种宽容。等一等，给别人留一个余地，也给自己留一个余地。

世界不断地反反复复，与客户的关系也在不断地反复变化之中。任何公司必须面对客户，客户的钱袋摆在那里，就看你有多大的本事从里面把钱掏出来。

常有年轻人在公司拍案而起："某某客户太不像话，以后永远封杀他！"有计划地封杀某些刁钻客户是对的，但不能因为一时激愤而妄下决定。

可以跟人有仇，但在商场上，没有人会与钱有仇。既然不能与钱有仇，就不能与人有仇。和气生财，和气是看在钱的面子上，而看在钱的面子上，必须要和气。也只有和气，才有机会让自己等。

你不知道明天会怎样，只有小孩子才会说："我永远不跟你来往，你以后永远不要到我家。"成人的世界，没有永远，只有暂时的利益。

好几次整理自己手机的电话薄，一些人的电话有一两年没打过了，觉得以后也就不联系了，所以就删掉了。一段时间过后，忽然有事情需要联系，却联系不上了。

什么时候都不要说得太绝对。凡事不要做得太绝，要给自己留一个余地。谁也不知道明天会发生什么样的变化。今天的朋友明天可能会兵戎相见，今天的敌人明天可能会握手言欢。

等一等，可能会雨过天晴，等一等，可能就会风平浪静。

可以善良，但不能软弱

不要过分将就一个人，无原则的退让带来的不是和平，而是屈辱的战争。

在职场上，经常会遇到一些不占便宜就算吃亏的人。如果不幸，你的同事恰恰就是这样一种人，那也不是没有办法。其实，只要是与人相处，都会遇到这样的问题。而所有的合作，其实也都是以斗争为前提的。没有斗争，就不会有合作。

得寸进尺是每个人的心理习惯，而这种进，直到遇到抵抗的时候才会止住。所以，如果一个人一味退让，一味软弱，一味拿自己的东西去填饱别人，养出的不是别人的感恩，只能是别人索取的更大的胃口，而这种自己喂养大的贪婪，终究会让自己把所有一切搭进去。

如《史记·魏世家》所言："且夫以地事秦，譬犹抱薪救火，薪不尽，火不灭。"以软弱对强梁，也会是同样的结果。

聊斋中有一篇《马介甫》，讲述马介甫的朋友杨万石胆小懦弱，非常怕老婆，而他的老婆尹氏妒悍异常，杨家全家受尽其折磨。马介甫实在看不下去，就给杨万石服了一颗丈夫再造丸，于是杨万石变得异常凶悍，而在杨万石的凶悍面前，本来妒悍异常的尹氏，却再无往日的威风。可见，强梁总是欺软怕硬。

任何一个人想要维护自己的利益，就要斗争，坚决与侵犯自己利益的人斗争。

在职场当中，也经常见这样的老实人，苦活累活属于他们，奖金荣誉却与他们不沾边。当然这并不是说在职场中就不能帮人，就不能合作，帮别人，做好事，做好本职工作，这是一回事，维护自己利益，坚决打击一切侵犯自己利益的行为，这是另一回事。只有两者结合起来，一个人在职场当中才会顺利。

或许，年轻人一般都比较大度，对很多事情都不放在心上，一些小的利益上的纷争，由于好面子，说不出口，觉得无所谓，也就算了。

好面子，因此无原则地让步，这是很多职场受害者的普遍面貌。或者，因为有些人本来就很强势，而自己相对弱势，怕自己的反抗，会遭到报复。其实，软弱和退让，虽然不会遭到报复，但一定会让对方继续心安理得地占便宜。

一个人可以善良，但不能软弱。不能做坏人，但要做一个强人。

善良让人敬，强人让人畏，只有善良的强人，才会让人敬畏。当然，坚决维护自己利益并不是锱铢必较、睚眦必报。

第十章

必须杜绝的职场幼稚病

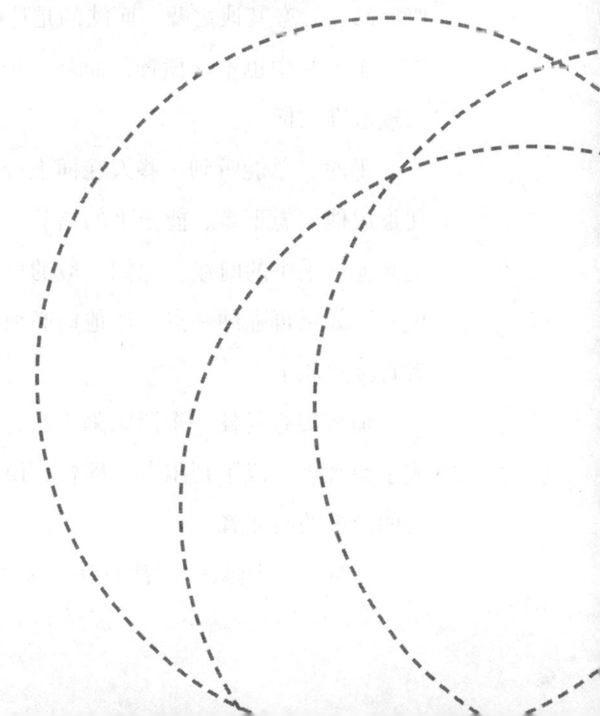

别做伪革命者

革命也是一种职业，没有良好的职业精神，注定只能是一个愤青，而不是一个坚定的革命者。

对一个革命者而言，是以信仰为基础，并有高尚的目标的，对一个革命者而言，最大的价值在于牺牲和奉献。愤青则不然，愤青也就是发一些无伤自身利益的牢骚。貌似有很多的诉求，但真要听他们的，指定天下大乱。当然，他们也唯恐天下不乱。他们就希望在乱哄哄当中，寻找实现自己利益的机会。愤青是典型的机会主义者。

愤青自古有之。清初颜习斋说："宋元来儒者却习成妇女态，甚可羞。'无事袖手谈心性，临危一死报君王'，即为上品矣。"可见，历来不缺慷慨激昂、夸夸其谈之辈，而缺的是那些真正务实的实干者。

企业当中也不乏愤青，而且，企业当中愤青的比例，足以作为一个企业管理水准的标识。

平时，总能听到一些人在面上夸夸其谈，在背后唧唧歪歪，但不要因此便形成他们想干事、能干事的错觉，因为一旦有什么具体的、困难的任务要交到他们手中的时候，他们一般的反应就是一脸无辜地反问："为什么让我做？"如果再强硬一点，让他们必须去做，则会遭到鱼死网破般地抵抗，或者直接辞职了事。

愤青很容易使一个团队陷入没有正义感、没有是非意识的混乱。人人都成了旁观者，成了帮闲者。愤青，说白了就是那些把自己打扮成积极的革命者的消极的破坏者。

任何一个团队中，都有伪革命者，这部分人整天坐在地上，高喊要进步，最终，团队终于有了可行性方案，要出发了，这些人又因为害怕跋涉的艰辛，找出若干的理由来反对进步。

对一个团队的领导者而言，保持团队的正义感非常重要。比如一个业务团队，其中一个人业务非常突出，团队内部对其会产生两种可能的评价，如果团队一直保持正义感，那这个人就是团队的英雄，就会受到到崇拜，反之，如果团队没有正义感，个人的突出是对他人的打击，这个人就很容易受到其他人的攻击。如果一个团队不能保证其正义性，团队就谈不上发展了。

总之，有些人就空有一张嘴而已，如果单纯听，也许你感觉到群众革命热情高涨，革命时机已经成熟，但真正你扛起革命大旗的时候，最先开溜的往往就是那些叫得最响的人。

想起小时候家里种胡萝卜，胡萝卜长在地里，有的胡萝卜从地表看，很粗壮，让你误以为那是一个大萝卜，但当真正拔起来时，却发现这些胡萝卜只长了上半截，下半截只是很细的根须。

愤青大概就是这种发育不良的胡萝卜吧！

不要把原则当作错误的挡箭牌

很多初出茅庐的毛头小子，一旦做错了什么事情，受到批评的时候，总是慷慨激昂地抛出一大堆“原则”，好像只要有自己的原则，就会永远正确。有时还会反问一句：“难道我坚持原则有什么不对么？”

一次跟一个人谈话，我们用了半天的时间，最后终于达成一个共识，他是错了，但他拒绝改正，并一本正经地跟我说：“我就是那样做，这是我做人的原则。”我顿时无语。

做人应该是有原则的，但这里的有原则，指的是做人的原则，并不是“我的原则”，做人的原则与“我的原则”是根本不同的两码事。

把不改正错误归于“我的原则”，表面上理直气壮，其实是一种可笑的固步自封。固然，所有的正确与错误的评价，都要有标准。没有标准，当然就无所谓对错了。如果一个人有了“我的原则”，并且再根据实际情况，给予这个原则无限的灵活性，那么他就永远不会错了，而这个世界也将没有对错了。

比如，说了不该说的话也不道歉，因为这是“我的原则”，“我就这样说话，你爱接受不接受”。这其实不是个性，而是自私和狭隘。一个人爱吃臭豆腐没错，但自己吃臭豆腐，却不允许别人说臭就自私了，如果再让所有的人都说臭豆腐好吃，那就是霸道了。但偏就有人以自己的好恶为标准，并发展为“我的原则”。

坚持原则可以，但这个原则不是自以为是的原则，更不是自己随意的发明。

很多这样的人，在社会上被再教育一番后，就没有那么多“我的原则”了。很简单的道理，一个人可以坚持自己吃甜的习惯，但关键是他要能在社会上找到甜的东西。如果社会上只供应咸的，没有甜的，他要么只能选择饿死，要么就选择改变自己的“原则”。经过再教育之后，这些年轻人发现一个道理，原则没有生存重要。一个人可以坚持与社会不符的原则，但他要有足够的能力为之付出代价。

做事要高调，做人要低调，当然，不管高调与低调，都要有原则，但原则并不是错误的挡箭牌，不是进步的绊脚石。原则不仅需要坚持，而且也需要在反思中改进。只有错误的原则，没有错误的现实，既然某种原则的坚持，已经导致了不理想的结果，那么对所谓的原则就应该反思，而不是用原则来坚持自己的高调。

再说，“我的原则”仅仅是一人的原则，而去人家那里做事，就要尊重人家的原则。自己喜欢吃辣，所以，在炒菜做饭时辣得让人家不能接受，当别人指责时，还抛出一句：“我吃着挺好！”这样，也无疑太自私和霸道了。

在下结论之前，不要有任何的主观设定

想要客观地评价一个人或一件事是困难的，尤其是在评价与自己比较亲近的人，或者与自己利害相关的人和事的时候。

人对人或事的认识和评价，极易受到情绪的影响，说是影响，也可以说是歪曲，因为任何的情绪都是对某些方面的放大，而不管是人或事，在某一方面被放大之后，另外一些方面自然就会被缩小，而整个人或整件事就被歪曲了。

情绪对人的影响有两类，要么是积极的，要么是消极的，如果想要客观地全面地对人或事做出评价，就不要带有情绪。所以，人在评价自己周围人或事的时候，极易会产生或黑或白两种偏激片面的结果。“旁观者清”，这在对人对事的评价中，尤其有效。

一个人身处利益的纠葛之中，受到情绪导致的偏见的影响，很难以旁观者的淡定的心态对人或事做出客观公正的评价。

从对人的经验上来看，不管是对领导，还是对下属，人在做出评价的时候很难淡定，而本来五颜六色的同事世界，很容易被处理成黑白的单调世界。

人都喜欢听表扬而不喜欢被批评。今天，领导把你叫到跟前，就某个问题，声色俱厉地对你做出了批评。当面虽然没有反驳，但回来之后，你肯定久久不能平静：“首先就这件事来讲，虽然做得不好，但也不是我的原因啊；其次，领导这个人就是有毛病，我忍他不是一天两天了，这个人太不地道了；还有，这个破公司，没法呆了，辞职！”但过了一会儿，领导觉得对你的批评有点过，又把你叫过去，对你进行了安抚，对过去的一些成绩进行了肯定和表扬，而这时，你不管对人对事对公司的看法，应该又有所不同了。

人善于在主观上先设定一个结论，然后搜肠刮肚，找出证据去证明这个结论。这已经不能用先入为主来形容了，因为这种结论只有两种导向，或者黑，或者白。如果一个人见过两口子吵架，或者见过同一对夫妻不同时间的吵架，对此就会很深地认同。如果一方数落起另一方来，你会惊讶人的记忆力是如何超群，若干年前的某一个小细节，都会被挖掘出来，作为对方不靠谱的证据。对于这种行为，有一个专用名词“数落”，就是掰着指头数，翻过去的旧账，数过去的鸡毛蒜皮。本来过得好好的两口子，由于某一件小事，一方被激怒后，另一方就成了十恶不赦的大恶人。人由于情绪的误导而自欺，就旁观者来看，是一目了然的，但身处其中的人，却不会认为这是在自欺，当他们的世界在情绪的控制下，完全变为黑白两色的时候，他会本能地拒绝任何让其理智的色彩。

小的时候娱乐方式非常有限，最开心的就是看电影。那时，放映最多的就是一些战争片，每当看的时候，总是要问大人：“这里面哪一方是我们？哪一方是坏蛋？”后来，放映一部外国片，片名忘了，但当时还是提出了同样的问题，大人说：“这里面没有我们，都是外国人。”当时就很不解：“难道还有没有好人和坏蛋之分的世界？”

如果现在仍用主观评价里的“好人”和“坏蛋”来区分职场中的领导、同事，只能说明我们是何其幼稚，还是一只职场菜鸟。

没有一种成功可以复制

在管理上，很多人动不动就拿世界500强的标准来要求自己，这其实很可笑。一家公司决定要采用怎样的管理模式之前，首先要给自己定位。这个定位包括很多方面：第一，公司从事的是什么行业。因为一家从事制造业的公司和一家从事软件开发的公司，对员工的素质要求侧重点是不一样的。作为一家开发性的公司，要有创意，而要酝酿创意，前提就是自由，所以，管理上的人性化就必不可少。而一家从事制造业的公司，最强调的是执行，甚至是机械的执行，这样，也就是说，谷歌的管理模式用在东风，肯定要出乱子。第二，公司处在什么样的发展阶段。管理一家10人的公司与100人的公司，当然要用不同的方法。而且，管理方式的转变，应该是质变，而不是量变。管埋10人的公司，可以人管人，而管理100人的公司，则要用制度管人。而一家100人的公司，也没有必要在管理上向世界500强看齐。第三，公司有着什么样的文化氛围。文化，是形成的惯性习惯，是公司一些自然的东西。一家公司的管理，不能迁就已经形成的公司文化，因为自发的文化有过于自由的因素，但也不能忽视文化，因为这里面有客观的不能忽视的管理规律。所以，要对公司文化准确定位，不能一味拘泥于公司文化而妨碍了必要的制度，也不能无视文化，而强硬地加上一个不能与文化契合的制度。

男人喜欢看武侠，女人喜欢看言情。原因很简单，人都喜欢对号入座，男人看武侠，看着看着，就把自己当作令狐冲或者杨过等风流倜傥的侠士。而女人，则总是希望自己能邂逅一段美丽的爱情了。

人的幻想不应仅仅停留于那些子乌虚有的东西上。当年，秦始皇南巡，刘邦和项羽都喜欢凑热闹，刘邦看后，发出了“大丈夫生当如此”的感慨。项羽则更为直接，直接声称“彼可取而代之”。现代的年轻人，其内心的狂热丝毫不逊于当年的刘邦和项羽，而现代信息的发达，让他们也直接会接触各种各样的成功人士的信息。所以，年轻人嘴上最常听到的就是马云、李开复。

“大丈夫生当如此”并非不对的，他们也并非不可“取而代之”，但并非像唐骏所声称的“我的成功可以复制”，相反，成功本身不可以复制。很简单，因为人是不能复制的，环境也是不可复制的。

每个人都有每个人的特点，每个时候都会面临不同的市场环境。商场如战场，经验可以借鉴，但经验不能复制。

战国时候，燕将乐毅破齐，田单坚守即墨，在夜间驱赶一群牛，在尾巴上绑上火把，牛角上绑上兵刃，结果大败燕军，并由此复国。后来，唐朝安史之乱时候，唐军也使用过火牛阵，但当火把点燃后，火牛不但没有冲向敌阵，反而像自己冲来，结果导致自己大败。

赵括“纸上谈兵”的故事自不必说，但现在大部分年轻人精通的就是纸上谈兵。分析起别人来头头是道，仿佛自己就是比尔盖茨，一旦做起来，却眼高手低。善于铺摊子，善于讲道理，就是不善于积少成多，不善于埋头苦干。

被成功挑逗的激情澎湃的人大部分时候处在半梦半醒之间，在这种状态下自然“我就成了你”，但自己就是自己，永远不会成为别人。

醒醒吧，想成功可以，但首先要做回自己。

真正强大的人从不乞求公平

有一次，听见某个同事在嘀咕，大体意思是，公司对待人不公平。因为公司当时对另一个同事做出了比较有利的安排，而没有安排他。他从资历上来讲，是比那一个同事要深的。

当时我就想，如果让他们俩调换一下，是否就实现了公平呢？当然不会，因为他虽然资历深些，但就能力以及对公司的贡献上来讲，与另一个同事显然无法相比。从公司的角度，这样做显然是正确的，但造成个人心里不服气的结果，当然又是不合适的。

公平是一个难题，是一个需要达到又难以达到的目标。

只要提出公平或不公平的判断，必须是有标准的。标准不同，结果就不一样，就像前面的例子，公司与暗地里嘀咕的员工，标准是不同的。所以，在实现分配之前，为了尽量保证分配的公平，首先要确立一个合理的标准。

标准的统一是分配公平的前提，否则就永远无法实现公平。或许，在付出增加的情况下，如果不确立标准，每个人从不同的角度看去，都会得出自己利益受损的结论。

公平难以实现就在此，有些分配能确立一个标准，有些却不能。即便确立了一个标准，这个标准如果不能得到所有人的同意，也不能实现公平。即便确立一个大家都同意的标准，按照这个标准实施的时候，有些东西又是不能衡量的，所以无法实现公平。

最重要的是，很多人对待自己的标准与对待别人的标准是不一样的。有些人天生爱占便宜，也就是说，只有占了便宜，才觉得公平。这样，不论在现实还是在心理上，公平成为可望而不可及的东西。

公平也不是不能实现的。东汉光武帝建武年间，皇上赐给博士每人一头羊，而如何分却难为坏了主管。博士甄宇自告奋勇地承担了这个差事，他首先当众取了最瘦最小的一只羊牵走了，众人于是不再争执，从最小的羊开始牵起，分羊任务也因此体面完成。

甄宇之所以实现了分配的公平，第一，他确立了一个标准，当然，这个标准不是外在的客观标准，而是内在的、谦让的道德标准；第二，他树立了标准的权威，这个标准在那种条件下是没有人敢公然提出抗议的。

制定出标准是一回事，让人接受标准又是另外一回事，而为了让多数人接受标准，就需要树立标准的权威。上帝是公平的，但上帝的公平不是因为上帝实际上实现了公平的分配，而是他让你相信他很公平，公平的实现不是因为分配，而仅仅是因为相信。

公道自在人心，要想实现公平，就不要试图在外在平均。如果人心不平，再公平的分配也会被歪曲。

在职场上，不要去追求所谓的公平，不要因为别人受到的待遇而眼红。在这个世界上，不公平是常态，公平才是偶尔的。与其去乞求别人对自己公平地对待，不如让自己强大，然后公平地去对待别人。

再强大的想象力，也无法取代体验

在社会上有很多一厢情愿的事：比如父母，总以为自己如此关心孩子，孩子会因为自己的关心而生活得更好，至少也应该为自己的努力付出而感激；再比如恋人，总会这样说："我对他那么好，他还不爱我，难道还有人比我对他更好吗？"

孔子说过："己所不欲，勿施于人。"把自己不想要的，强加到别人头上是不对的。这样做，要么会让对方痛苦，要么会因为对方的不买账而让自己痛苦。

在市场上，更容易遇到这样的情况。在讨论市场方案的时候，经常听到有人会说“我们做得如何如何好，肯定会有很好的效果”。这种说法很可笑，以商家之心度消费者之腹，永远是自负和冒险的行为。当然，最牛的商家在于改变消费者的习惯，让消费者跟着自己走。但并不是任何一个商家都有能力做到这些。看到一个明星穿了一件比较拉风的外套，受到粉丝的追捧，就以为自己穿上也会受到围观的想法是幼稚的。

所以，作为商家，要做的不仅是自己做得多好，最关键的，这好要让消费者承认。任何商家都不能代替消费者思考，任何商家也不能代替消费者对自己的商品做出评价，当然，任何商家也不能替消费者做出消费选择。市场的需求是开拓出来的。“我的产品这样好，消费者一定会接受。”这样的推断是不成立的。“产品好”与消费者接受之间，没有必然的因果关系，所以，这两者之间连接的时候，不能用“应该”“一定”，而只能用“可能”，而可能的东西，永远无法作为决策的依据。

最大的学问在市场，一切决策的依据也在市场，屁股决定脑袋，永远是可笑的。屁股思考问题与脑袋最大的不同就是，屁股永远把可能当作一定，或者，在他们那里，可能就已经是一定了。所以，他们总是用一些也许会成立的判断来指挥市场，并作出一些莫名其妙的决策。就像一个指挥官坐在办公室里，遥控指挥战场一样。

一个人只有在战场上真刀实枪地拼杀过，才会理解战场的残酷；一个人只有真正在市场上跟消费者或客户交流过，才真正理解做市场的困难。

一个业务员跟一个没有市场经验的领导汇报工作是没有意义的，或者说，根本是无法沟通的，因为一个没有经验的人缺乏对市场最基本的认知，就像跟一个一点汉语都不懂的人用汉语无法进行交流一样。

只有进入市场，才能真正了解客户的需要。只有客户需要的方案才是好方案，只有客户需要的产品才是好产品。市场是现实，不是想象。就像即便科技发达，也无法完全以人工的方式造一棵自然界最平常的树一样，我们头脑再聪明，也无法靠凭空想象去了解客户最简单的需要。

陷阱，首先是因为贪婪

一个农夫牵着一头驴和一只脖子上拴着铃铛的山羊进城去卖，三个小偷看见了，一个小偷说可以把农夫的羊偷走，一个小偷说可以偷走农夫的驴，最后一个小偷更绝，说可以偷走农夫的所有衣服。

一个小偷偷偷地把羊的铃铛解下来，拴在驴尾巴上，然后把羊牵走了。过了一段时间，农夫发现了，于是到处找羊，这时遇到第二个小偷，这个小偷说他看见那个偷羊贼往相反的方向跑了，于是农夫把驴交给第二个小偷看着，自己去追，当然第二个小偷把驴又给偷走了。在一个水塘边，农夫遇见了正在哭泣的第三个小偷，第三个小偷告诉他，他有一袋金子掉水里了，他不会游泳，如果农夫可以帮他把金子捞上来的话，他愿意分给他一半。农夫于是脱光衣服下水了，小偷抱走了他的所有衣服。

这个故事比较形象地概括了人的成长经历：我们都经历过“大意”的年轻时代，在那时，由于粗枝大叶，我们丢失了很多；后来，我们又轻信了很多人的许诺，然后直到遍体鳞伤；再到后来，我们急于成功，贪婪又让我们再一次上当，失去所有。

第二个阶段和第三个阶段是相辅相成的。按说，轻信别人，受骗上当之后，应该是吃一堑长一智，应该不会进入第三个阶段，但受骗之后的觉醒，只是让其在智力上有提升，而人的贪婪与急功近利的本性不会改变。

并且，人性好赌，但并不是每个人都输得起。当经历过人生的第二个阶段，人还有点资本，而所剩无几的资本，怎样才能让自己在最短的时间内翻盘呢？当然就是赌了。输不起的心态，让很多人选择了继续赌，继续输。贪婪和急功近利的心态支配下的人去赌场，输是必然的了。输急了眼的人，已经不会再按部就班，他们所有的想法就是一夜暴富。在这样的心态之下，只要有人给他一个莫须有的承诺，然后再挖一个坑，然后他们就会义无反顾往里跳。

比如那些做传销的人，并非弱智，也并非真的不知道传销的圈套，只不过传销利用人性的贪婪和急躁，让参与者自己把自己哄住。传销的高明，并非本身多么严谨，而是利用人本身的缺陷，让他们自己劝自己，而一个人只要开始自己劝自己，不管前方多么水深火热，都会义无反顾。“酒不醉人人自醉，色不迷人人自迷”，当一个人迷恋上一个女孩子的时候，有人给他指出，这个女孩子有一些缺点，他会相信吗？他看得见，但他不会在乎，因为他会找出若干个理由搪塞自己，最后实在无法自圆其说，只要对方找出一个理由，不管多么荒唐，他都会相信。

正是人性的不完善，给予了罪恶和欺骗可乘之机。也正是由于人性中的大意、轻信尤其是贪婪，让我们一次次在欺骗面前选择了“宁可信其有，不可信其无”。

为了轰轰烈烈地干“一番大事”，许多人选择铤而走险，或者挖空心思寻找捷径。为了理想，很多人甘愿去做传销，为了一夜暴富，许多人不顾后果，去借高利贷。急于翻盘的结果是把自己仅剩的一点赌注全搭进去。

之所以整天把理想挂在嘴上，是因为在现实中毫无自信

一次参加一个电子商务的交流会，与边上的一个年轻人攀谈了起来。起初，我深深地被他对互联网的见识所折服，有关于当前互联网的走势，以及

一些成功的公司的经验，各个知名互联网公司获得风投的情况，他说起来如数家珍。

谈着谈着，却发现了一个问题：他对别人的成功分析得头头是道，并且只分析别人的成功，而对于那些没有成功的，或者对于那些失败的公司，却嗤之以鼻。尤其严重的是，他虽然告诉我他之所以如此关注互联网的动态，是因为他也想要把自己的公司运作上市，但在谈到一些前沿性，或者一些最有前途的方向时，他的回答却只有两种："这些东西就靠我们？那简直是天方夜谭！"言下之意，那些东西，只有像盖茨或者扎克伯格这样的人才能做；另外，他认为有些东西已经有人做过，没有成功，所以，这件事情是行不通的，但为什么没有成功，却不去分析了，然后就粗暴地得出一个结论：这件事是不会成功的。当然，至于怎样做才能成功，他是根本没有想过的。总之，他的意思很明确：要做就做淘宝、百度、facebook这样的，至于其他的，要么不会成功，要么不是我们可以做的。

在职场上，总有那么一部分人，他们对世界有判断，但判断却只以成功或失败为标准，只会解释别人为什么成功，斥责笑话别人为什么失败，却自以为掌握了全世界的真理。就像看到了阳光，却分不清那到底是朝阳还是夕阳。有些人注定只能崇拜夕阳，却从不相信黎明。这些人只能作为追随者，而不能作为开创者；他们注定只能做解释者，而不能做创作者。

他们像大多数创业者一样，都在黑暗中摸索，但又不像真正的创业者，因为黑暗只是给他带来慌乱，他根本不知道光明在什么地方，只是相信一切成功的教条，却不知，那条路早已被封死。

如同晋朝文学家潘岳，若论其文章，则至情至性，清高而超脱，而其为人，则极尽阿谀奉承之能事，并且创造了中国历史上拍马屁的经典。《晋书·潘岳传》中写道："与石崇等谄事贾谧，每侯其出，与崇辄望尘而拜。"为了表示对人的崇拜，竟然对着人家的背影三拜九叩。

他们貌似积极，却总是从别人那里照抄一点半点的经验，就来指点江山，却从不敢相信自己也能创新。其实，这种人貌似知识渊博，能力超群，一旦做点什么事情的时候，就没有勇气了。

网上曾经流行过这样一句话："一个连街头小偷都不敢斥责的人，却叫嚣要解放世界。"貌似革命斗志高昂，只不过是用来掩饰自己的保守、懦弱与固步自封。

现实和理想总如此的矛盾：理想的层面上踌躇满志，却无法消除现实行动中的毫无自信。

没人关注的寂寞，总比有人关注的浅薄好

把自己最自豪的东西拿出来，让别人看，一则与人分享，二则让人羡慕、嫉妒、恨。经常会在小孩子身上看见这种做法。儿子刚上小学，每当考了高分，总要跟小朋友炫耀一番，唯恐别人不知道，有时候还会画蛇添足地来上一句："某某才考了那么少的分，我比他聪明多了。"

成熟是一种进化，这种幼稚的毛病在有些人身上就被进化掉了，在有些人身上则继续保留。当然，很少会有成年人，这样露骨地夸耀自己，但还是有人会偶尔有类似的表现，更有多数人会保留有此类冲动。

在职场上，这类表现的冲动是很要命的。

或许，在很多年轻人身上经常会发生这样的行为。同事在一块没事，闲来扯淡，总会有意无意地谈起自己曾经的一些辉煌。比如，自己曾经见过什么样的人，曾经经历过什么厉害的事。在开会或者谈论其他事情的时候，总会抢在前面，把自己的观点表达得淋漓尽致。虽然后来看，自己的发言不仅不合时宜，而且总是离题万里。

在开会或者谈论其他事情的时候，总会抢在前面，把自己的观点表达的淋漓尽致。虽然后来看，自己的发言不仅不合时宜，而且总是离题万里。

“少年不识愁滋味，爱上层楼，为赋新词强说愁。”说的就是这种年少孟浪吧。经历得少，所以有一点经历就开始大惊小怪。这种大惊小怪，本来是想引人侧目、引人关注、让人羡慕。最后，引人侧目的目的是达到了，但让人羡慕的目的却没有达到，因为这种幼稚只会让人觉得可笑。

有能力，有知识，不能让别人知道，是一件很郁闷的事情。但本事和知识拿出来得不是时候，目的不对，会让自己更加郁闷。实力是用来征服别人的，而不是拿来炫耀。当能力只能用来炫耀的时候，就如同焚琴煮鹤，大煞风景了。

炫耀，是当别人不需要的时候，呈现给别人某些东西。炫耀的目的，是让别人知道自己了不起。

炫耀的目的和结果是相悖的。试想我们周边的人，当别人对自己炫耀的时候，自己或许会被其打动，但这种打动不是崇拜，而是嫉妒，或者鄙视。

冲动是魔鬼，所以，当自己为某种喜悦而冲动的时候，千万不要刻意去表现，如果实在憋不住，你可以告诉自己的家人，再者，可以告诉自己的朋友，其他人，就忍住吧。即便本来以为会引起轰动，却没有别人注意，也不要硬去拉别人的关注。只有自然的关注才能产生重视，硬拉来的关注智能让人觉得可笑。

如果自己实在没有能力让别人关注，那就要忍得住寂寞，因为没人关注的寂寞，总会比有人关注的幼稚和浅薄好。

当自己仅仅是为了表现而做某件事情的时候，一定要慎重。

即便不是为了显摆，也只有当别人真的需要的时候，你再把你的能力显现出来。有需要，才有价值，没需要，就没价值。

没有足够的实力，就不要张扬

如果把一只海鸥的腿上拴上一根红线，然后再放到海鸥群里去，那无疑是宣判了这只海鸥的死刑，因为海鸥会一拥而上，把这只海鸥啄死。

一个团队，经过一段时间的磨合之后，就会进入一个相对成熟的时期，每个成熟的团队都有自己成熟的氛围和文化，有时是积极向上的，有时则是消极堕落的。但这种氛围一旦形成，就成为一种心照不宣的潜在规则，一个人是否被这个团队接纳，就在于这个人是否与这个规则契合。任何与团队氛围不相符的人，都会如同腿上被拴上红绳的海鸥一样，被群起而攻之。

氛围一旦形成，就成为衡量对错的标准，在这个氛围当中所有人的对错是以这个标准被衡量的，一旦与这个氛围不符，即便从其他各个方面来看，这个行为都是正确的，也会受到来自这个团队内部的猛烈攻击。

比如，一个团队整体氛围非常消极，并且对公司已经失去信心，已经普遍的消极怠工。在这个团队当中，有一个人，努力地想改变团队的当前的现状，工作积极而努力，并且极力要改变团队的氛围。他的出发点是好的，对整个团队也是有利的，但他的努力非但没有得到鼓励和同情，反而受到了猛烈的攻击。

一个人一旦与其他人不同，要么会受到英雄般的崇拜，要么就会受到各种羡慕、嫉妒、恨的打击。这两种截然不同的待遇，主要受个人整体实力的影响。一个想要改变一个团队氛围的，或者要在团队中展现自己个性的人，必须有足够的与团队抗衡的实力。没有实力，单靠自己以为的正确，一定会以失败告终。

一个人不管是在生活还是在学习中，都要有个性。但个性要体现在合适的地方。

比如一个员工非常有个性，能力很强，倚仗自己的能力，他曾经在产品讨论会上指着老板的鼻子大声呵斥。这种愤青行为不仅会引起围观，同时也让一般员工当作英雄崇拜，但这种用错了地方的张扬个性，只能以他走人为最终结果。

公司虽然不是一个讲究“君君臣臣、父父子子”的严格秩序的地方，但也是有高低尊卑的，同样需要为尊者讳，这种不讲究策略、不讲究场合的张扬个性，必然带来公司秩序的混乱。或许，这种人都是能力很强的人，但他们的能力给公司带来的效益影响可能会远低于他们的幼稚行为给公司带来的混乱影响。

很多张扬有个性的人，如果因为其过于张扬而受到批评，往往会回答：“我个性就是这样，看着办吧。”这种回答其实是对自己不负责任的。年轻是本钱，但年轻也要付出代价。有个非常有个性的年轻人，由于不满意公司的各种“非人性”的制度，愤然辞职，一年之后相见，发现其虽然还非常有个性，但已经不再那样张扬了。他总结道：“社会只承认普遍性，不承认个性。要想填饱肚子，有时不得不牺牲自己的个性。”

一个团队，不会围绕一个人打转。但现在的年轻人在走向社会之前，习惯了在家里被宠爱，所以，把这种姿态带到了社会当中。但社会是不会买他的账的。而个性张扬的后果，也自然是遍体鳞伤。

第十一章

职场也有常见病

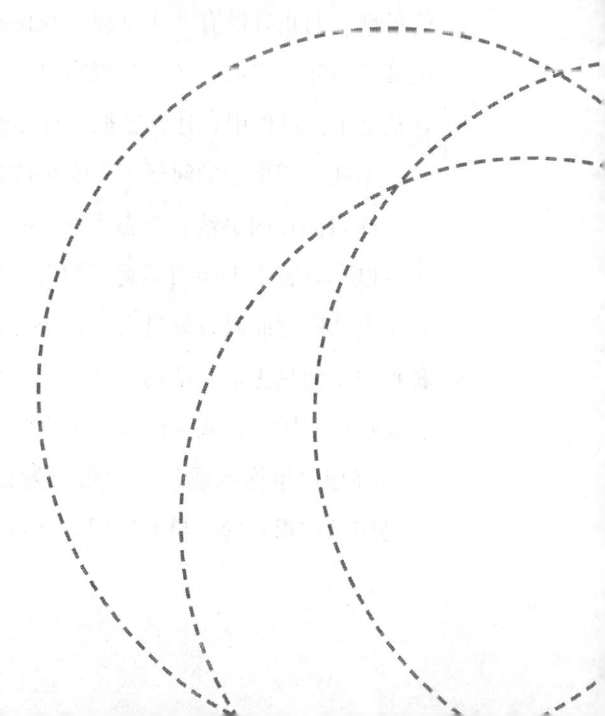

抱怨是失败的总结，也是失败的伏笔

每个公司当中，最不难听到的就是抱怨。抱怨的对象各式各样，或者同事，或者领导，或者就是手头做着的工作。

心情从来都是很坏，自己从来都已尽力，别人总有千般不好，所有一切不公，总是摊到自己头上，这就是抱怨者的基本面貌。

自己也会抱怨，抱怨领导，抱怨下属。但抱怨完之后，发现一个问题，所有抱怨的基调无非就是：失败了，那不是我的原因；不想做，因为不公平；跟同事关系不好，因为别人很坏；或者也没有什么原因，就是心情不好，所以，整个世界都不配合。

一个朋友跟我抱怨：领导总是做一些莫名其妙的决策，而市场又是如何的艰难，问我有没有办法解决。我说有也没有。没有是因为如果让公司改变决策或消除面临的问题，我确实没有办法，但我有办法让朋友释怀，那就是在整个工作过程中，让自己换一种心态。

不能改变事态的时候，人需要改变的是心态。

面对同样的事情，心态不同，心情就会不同。在家里，我经常会为饭菜不可口，衣服不干净而不满。如今，我经常在外工作，却从来没有因为饭菜和衣服的问题而对谁发过火，甚至连抱怨都没有。因为，我清楚地知道，这种种的不便是正常生活的一部分，如果追究造成种种不便的责任的话，应该在我自己。所以，我应该做的是克服这些困难，而不是抱怨或发火。

有理由地抱怨或发火，是因为有困难而责任不在自己，并且这个责任人是应该被指责的。早上出门，下着大雨，大雨造成的不便，让自己心里烦闷，但这时不会抱怨车，不会抱怨雨衣，但会抱怨交通的拥堵，甚至会抱怨自己妻子或丈夫的怠慢，甚至随便抱怨一个不相关的同事或者路人。

烦恼与苦闷总习惯性地找上相对无能又气量狭小的人。每当公司遇到不顺的时候，越是绩效不好的员工越习惯于相互指责，或者公司的领导就成了大家发泄的对象。而作为领导来讲，公司的员工当然也是指责的对象。

抱怨的本质就是推卸责任。一个在家里大吵大闹的孩子，在陌生人面前可能很乖，爱抱怨与吵闹的另一个原因是有人买账。

有时候，我也会心情很糟，也会不停抱怨，抱怨领导各种各样的不配合，抱怨同事工作不努力。但转念一想，让领导配合，让同事努力，这本来就是自己的责任，一旦这样想的时候，我满肚子的怒气就烟消云散了。

当自己担负起责任的时候，就不会抱怨。一个抱怨的人，自然也是一个担负不起责任和靠不住的人。

面对明天，如何才能不焦虑？

当时间溜走了，而行动还没有结果的时候，最容易产生焦虑。

时间的方向很简单，时间也不用思考，它只是沿着其固有的方向，稳步向前。人就不同了，人需要自己找方向。那人生的方向是什么呢？怎样的方向才能让我们在时间逝去的时候，不至于焦躁不安呢？

如果明天约好了一个重要客户，我们今晚上可能会因为焦虑而失眠，因为会有无数的担心在困扰着我们：明天客户不来怎么办？我们是否还有一些工作没有准备好？一旦出现纰漏，领导会怎么说？

焦虑跟时间有关，但不是一个时间概念，而是我们对于未来不能完全掌控的担心。

每个人面对自己的时候，都有具体的要求，这就给每个人的生活提出了具体的任务。我们可以称之为理想，也可以称之为欲望，或者就简单称之为需求。我们就是被理想、欲望或者需求推动而活着的。

在时间面前，人永远不会无动于衷。而明天，既是一个值得期待的概念，也时常让人惶惑不安。明天对于我们来讲，不是爱来不来的，伴随着明天来的，必须有切实的我们可以抓住的事情。明天是用来实现某种目标的，没有目标去实现的明天，之于我们，就像深海之于一个不会游泳的人。所以，对于按点到来的明天，我们必须有东西让自己抓住，才不会在时间中沉溺，才不会在时间面前焦虑。

焦虑就是危险要来了，我们还没有解决办法；焦虑就是时间走了，事情还没有任何进展。既然找到了什么是焦虑，如何消除焦虑也不再那么复杂。

焦虑最根本的成因就是自己对未来应对能力的低下。而造成自己应对能力低下的，第一，是对未来要求太高，第二，当然就是迟迟没有行动。

解决焦虑，最根本的就是要让自己放下空想，立即行动。人喜欢给自己一些自己都不大明白的空泛的理想，比如，每个人都会说“我要成功”“我要好好工作”，可是具体问他们怎样才能成功呢，下一步的工作计划呢，他们又答不上来。都是只有一些不着边际、空泛的想法，却有意无意地去回避现实的行为。只有把想落实到行为，才会卸下沉重的包袱，纯粹地想而没有行动，想得越多就越累。而想，其实远比做要累。

当人沉下心来，认真做一件事情的时候，是最轻松的时候。人本身是不善于飞的，所以，不要让自己悬在半空，要让自己两脚着地。在焦虑的时候，强迫自己埋下头来，扎进地里，去认真做一件事情。不用想，不用虑，走着走着，你就会走出困境。困境只有走动，才能脱离，而想，只能让自己在焦虑之中越陷越深。

别让自己被经验忽悠

经济学上有一个著名的庞氏骗局，有人可能不熟，但如果说非法集资可能就都知道了。说白了，就是许诺给投资者高额的利润回报，比如说，“在我这里存钱，我给你50%以上的利息”，以高额的回报吸引人投资，然后把新投资者的钱作为快速盈利付给最初投资的人，以诱使更多的人上当。一个人可能抱着试试看的态度，投了一部分，没想到对方真的兑现了承诺，于是，不仅自己相信了这个骗局，而且还会用自身的经验，游说自己的亲朋好友投资。当然，这种没有利润来源的集资，只能导致资金的缺口越来越大，直到不能兑现对投资者的承诺，然后破产。

庞氏骗局的原理和实际操作非常简单，但很多骗子利用起来却得心应手。庞氏骗局之所以能成功的关键在于，它利用了人们用经验来证明某种东西是可信还是骗人的习惯，也就是以已有的某些经历，把或然的关系，当成必然的因果，以此作为下一步行为的指导法则。

人一生都会经历过很多事情，所有这些事情都可以作为经验，所有这些经验都可以成为指导下一步行为的法则。当经验上升为法则的时候，就会出现两种情况：如果这经验具有必然性，会使下一步的行为进行得顺利，如果这经验是偶然的，则会对下一步的行为造成灾难性的后果。

经验主义害死人。

曾经组过一个团队，都很年轻，所以，想找一个年龄稍大一点的人带一下。后来，面试了一个经验丰富，年龄也合适的人。但一谈之后，我却大失所望。那人确实经验很丰富，谈起来头头是道，但所有的经验都是些僵化的实例，没有更深入的提炼，更没有严格的分析，也没有对现实有效的评估，基本上就是："我见过什么，成功了，我做过什么失败了，所以，我们要做什么，不能做什么。"真正的经验不是生搬硬套，而是经过分析和提炼之后的精华。经验需要有实例作为支撑，但更需要的是更具有指导意义的理论支撑。

经验本身是旧的，但只知道旧的经验，而不能够随时随势而变，那就是教条。经验必须是旧有的理论在有效分析当前形势的基础上，与当前的有机结合，就这种意义上来讲，所有的经验必须是新的。

只有在创新基础上的经验才有效，没有创新的经验，那只是僵化的理论。比尔盖茨在创立微软的时候，经验并不丰富，而扎克伯格在创立facebook的时候，也称不上互联网的行家。

经验只有对勇于创新的人有用，对那些不能创新的人，经验充其量算作旧闻罢了。

失败容易成为习惯

人是否容易在同一个坑里跌倒两次？

当然，人不大可能在同一个坑里，刚爬起来，又跌倒了。但如果在周围转悠了一圈，又回来了，最容易跌倒的地方，其实还是这个坑。

人性是有弱点的，在一个地方跌倒，有偶然的原因，也有必然的原因。偶然的原因大多是客观的，但必然的原因则大都是主观的。跌倒的地方，自然客观上是因为路不好走，主观上则是因为不好走的地方正好击中了人的弱点和缺陷。

找到让自己跌倒的客观原因是比较容易的，但越明显的客观原因，越容易让自己忽视了跌倒的主观原因。主观个性上不加改变，遇到相类似的情形，自然会再一次跌倒。

于是，失败就成了习惯。

一个女人，因为被骗，失身于一个男人。所谓吃一堑长一智。是否这个女人以后就不会再被男人骗了呢？当然，在识破了骗局之后，这个女人会发誓：“再也不相信这个男人的鬼话了！”从道理上来讲，确实应该如此，但事实却不是这样。一个朋友，被一个人骗去做传销，等醒悟过来之后，对那个人深恶痛绝，令人意外的是，过了不到一年，他被同一个人，又骗去做传销了。

江山易改秉性难移。骗子不改变自己的心性，永远还会做骗子，被骗的人如果不改变自己轻信的毛病，还会一再地被骗。

想不在同一个地方跌倒两次，重要的不是把自己跌倒在里面的那个坑填上，而是要真正地改变自己。要想不在同一个坑里跌倒，首先要从自身找一下跌倒的原因，然后改掉这个毛病。

跟一个人合伙做生意，后来，被那个人骗了（可以有若干种方式），当时深恶痛绝，但时间一长，就会想起那个人的好来，逐渐地，又开始交往，再后来，又与他合伙做一笔生意，同样的结果又出现了。第二次受骗，与第一次受骗在内容上可能有千差万别，但有一点是共同的，那就是在两个人的合伙中，自己根本无法掌控另一方。说开了，自己不适合与别人合作做生意是因为掌控能力太差。如果不能改变这点，那就不要再到那个坑里去走了，否则，去一次，就跌倒一次。

每一次跌倒，都有客观的原因，也都有主观的原因。但不管是什么样的原因，想要避免下一次在同样的地方跌倒，要么绕开，要么让自己强壮。

人在跌倒爬起来之后，首先想到的是如何为自己开脱，于是，可以弥补的缺陷，就成为性格中永久的缺点，而人就只能习惯性地失败。

牢骚，会让自己边缘化

在公司里，一定要知道自己在干什么、要得到什么。知道自己在干什么是前提，而明白自己要得到什么，往小了说是要有目标，往大了说是要有理想。

现实往往失之于短浅；理想倒是比较远大，但往往失之于空泛。过于短浅与过于空泛都无法有效地形成评价自己工作的标准。

形成对自己工作评价的标准非常重要，没有标准，就不能评价。很多人工作不顺利，主要就是因为没有一个明确的标准的缘故。

不管在什么样的公司，如果要提问："你觉得现在的工作怎样？"大部分人的回答是否定的，也就是对现状不满。不满本身不是坏事。只有对现状的不满，才是改变现状的动力。但可惜的是，由于没有一个明确的标准，没有一个明确的目标和理想，改变就成了一句空话。就像很多人都厌倦了自己所居住的城市，但所谓的厌倦只是能说出若干的这个城市给自己带来的不适，但应该怎样改变，或者自己需要什么样的城市，应该怎样实现，这样实际性的东西却一点都不能明了，所有的不满也只能成为牢骚。

牢骚是一个人行为的阻力，牢骚会对心理和行为两个方面造成影响和破坏。在心理方面，牢骚是在为自己的不努力找一个借口，为自己的懒惰或者不能胜任工作找一个理由。一旦有了理由和借口，当然就没必要努力了。在行为上，牢骚无形之中就降低了自己行为的价值：既然这个公司不值得自己努力，当然就可以糊弄自己的工作了。

一个有明确目标的人有的不是牢骚，而是办法。只有那些没有目标，没有办法的人，才整天蹲在地上发牢骚。

严格来讲，发牢骚的人表面上也是有目的的，因为如果没有目的作为标准，就无法评价，无法评价，自然就会没有“我永远都是受害者”的牢骚了。只不过这个目的非常随意，非常感性而已。比如，一家公司出于某种原因，一直单休，某个人开始发牢骚：“领导太不人性了，这样做，怎么能做成大公司？”后来，公司改成双休，这个人又开始发牢骚了：“说是给两天双休，平时却老是要求加班，这不是变相地压榨我们么？”

牢骚表面上是意见，但不能有效传达，所以无效；牢骚表面上是要求，但没有明确的目的，所以只是烦躁的欲望；牢骚表面上是对行为的要求，但不承担责任，所以不会进步……

牢骚对现实是无用的，对自己则是有害的。一个牢骚满腹的人，不正不邪，始终骑在墙上，既不会成为团队的核心，也不会被团队摒弃。而一个被边缘化的人，也不要指望能有多大价值、多少成就了。

再大的能力，也要用成绩证明

在职场上，经常听到这样的话：“这个人很有能力，就是现在还没有发挥出来。”当然，话里的意思就是，这样的人值得提拔，值得重用。更有些人，因为自己有能力，骄矜傲慢，好像什么都不用做，只要靠自己的能力，就应该得到提拔重用。

其实，任何一家公司，都是成绩决定能力。如果一个人的能力转化不成成绩，就不能说这个人有能力。

当所谓的虚假能力受到鼓励的时候，当对所谓的能力给予太多不切实际的期待，就会造就公司员工的假清高，公司的执行力就得不到保障。

假清高大体表现为擅长空谈而不切实际，所谓的空谈就是即便供职的是一个只有十几人的小网站，那他也申请一定要用谷歌、百度、阿里巴巴的运作模式，当然，这样做是不行，但不让做就是另一回事了，因为“不是我无能，而是你不行”。如果被委派做一个城市的市场，那他一定掌握的是全国的市场操作方法，含义也很明确，“不是我不做，是地儿太小”。

公司中的假清高还有一种典型的表现：对公司的一切都批判。道理很简单，只有批判，才显出其高，公司没有一样东西可以入他的眼。公司的种种“不行”，才是其做不出成绩的理由，也是其不作为的理由。为什么？因为不值得做。

这种人貌似积极，其实骨子里是无知、无耻和消极。越是消极，才越是用积极来掩饰。

越是不行动，他们越不敢行动。因为一旦行动，立刻就会露出马脚：他们什么都不会，什么都做不好。实践最有说服力，甚至不用证明，一个人的能力就摆在那里了。

曾经遇到过无数这样的青年。单纯靠说的话，他们懂得确实很多，从表象上来看的话，他们确实是怀才不遇。有这样一对小夫妻，因为抱怨公司老是对他们的想法进行压制，没法展现他们的才华，所以要辞职。公司觉得可惜，于是给他们调离岗位，调到一个可以完全按照他们自己的思路开展工作的地方，这样，他们应该出成绩了吧。一个月过去了，两个月过去了，一点成绩也没出来，问其原因，回答让人哭笑不得：没人给他们具体的指示。这就如同给一个题目让写作文，不写，命题作文束缚了自己的才情，写不出来。那好，就不给题目，他们自拟题目作文吧，这样该没问题了吧，谁知，到最后，他们题目都写不出来，因为连题目都不给，怎么写啊。第三个月，这对小夫妻“得偿所愿”地辞职了。

如果没有成绩，就别说自己有能力。如果想看清一个人的能力，先看他曾经取得过什么成绩。

员工的价值，等同于他为公司创造的价值。

不要轻易承诺，也别轻易相信承诺

如果没有特殊的需要，不要对任何同事做出任何许诺。

关于公司的事情，谁都无法替老板做主，如果你不是老板，你承诺了某件事情，这件事情是否能获得老板的同意？即便老板同意了，或者老板也承诺了，但计划永远赶不上变化，一旦公司形式有所变化，或者客观形式改变，从而让你不能再兑现诺言，自己就会失信。纸币失去了信用，就是废纸，在商场上，一个没有信用的人，也等于废人。

也许你会对自己的失信做出解释，也许你认为自己的失信是可以原谅的，但原谅只是一厢情愿而已。自己所失信的对象，更多的接受到的是失信的事实，自己甚至都没有机会去解释原因。虽然自己不是在有意地欺骗，但确实是失信了。

一个真正看重信用的人，轻易不许诺，因为他们不会轻易拿自己的信用冒险。

没有一件事情能百分百地实现。如果不想失信，就不要承诺。而如果不愿被骗，也不要轻易相信别人的许诺。尤其那些动不动就给你一个诺言的人的许诺，更不要轻信。一个信口开河的人很难让别人信任。孔子曾经说过："其言之不怍，则为之也难。"也就是说："说起来大言不惭，那他做起来就难了。"

但诺言还是不缺市场的。在公司，员工也大都喜欢听"空头支票"。很多员工之所以会在一家公司从事低工资、高强度的工作，是因为握有公司的期权，而期权是什么呢？在大多数时候什么都不是。

本人也曾经被要求许诺过，但这时我总是会断然拒绝。第一，我非常明确地告诉他们，我没有权力、没有能力保障我的诺言一定会实现，我不知道上帝曾经有过什么样的许诺，但我知道除了上帝，谁都无法保证诺言一定会成为现实。第二，我也不想因为我曾经做出过承诺，而让对方推卸了自己应付的责任。每个人对形势都应该有判断，应该对自己有选择，而这责任更需要自己来负责。

很多人会把诺言当作心理上的安慰，甚至依赖。尤其一些年轻人总是抱着这样的幻想：领导曾经给我许诺过……其实，当结果出现而又与承诺不相符的时候，除了让自己失望甚至愤怒之外，不会有任何的作用。不管结果是什么，即便自己曾经因为轻信诺言而放弃无数个机会，别人也不会补偿。所以，当别人对我说“我向你保证”的时候，我都会打断他：“我要看到结果，而不想听到承诺。”

喜欢听别人承诺，其实是把本来应该由自己担负的做出选择判断的责任，由那些做出许诺的人去承担，自己不愿意自欺，所以把欺骗自己的责任让别人去负责。

知识用不好，就成了短处

某企业引进一条自动化肥皂生产线，却发现常常有盒子里没有装肥皂，于是老板找来一个自动化专家，成立课题攻关小组，采用机械、电子、透视等技术，终于解决了这个难题。另外一个乡镇企业同样引进了这条生产线，老板发现这个问题后，找来一个操作工，告诉他：“3天之内给我搞定。”小工认真研究了之后，找来一个大功率风扇猛吹，空肥皂盒就被吹走了。

当知识遭遇现实，有时候只会导致麻烦。

小时候在农村，经常听到一个笑话：一个知识青年做饭，锅子沸了，然后他立马跑去查书本。这个故事说明了知识分子与工农群众遇到同样问题时，解决路向的不同。知识分子选择用技术性手段，用知识解决，因此，他们走的是形而上的道路。一般的工人、农民，则选择用非技术手段来解决问题，选择了形而下的道路。

知识与技术各有长处，但在遇到现实的时候，处理不当，反而会与现实越走越远，把简单问题复杂化。但知识天生有向上的特性，所以非常容易在解决问题的时候，与现实越走越远。

刚毕业的高材生与成熟的业务员面对同样一个市场问题，可能会选择不同的解决办法。在现实中遇到过很多这样的问题。刚毕业的高材生遇到市场问题的时候，一般会高谈阔论、引经据典，言必称稻盛和夫、巴菲特，但是脚怕沾泥，对现实的实际性操作有天生的恐惧，可以坐在办公室谈论几天，也不会实地去拜访一个客户，既对现实操作本能地恐惧，也怕自己的所谓知识被现实证明一文不值。当然，成熟的业务员会先与客户、消费者交流，然后从实际的数据和反应出发，解决这个问题。

不能很好地利用知识，长处就成了自己的短板。知识就是一个工具，知识如果用得好，能提高效率，如果用得不好，反而成为一个拖累。作为一个工具来讲，也不是无论什么时候什么场合都要用，能不用的时候，就不用。对知识的态度，要能拿得起，更能放得下。

知识是有用的，但知识并不是非得拿来用不可，也不是所有的事情非得用知识来解决不可。临到困难，先去找书本的，是书呆子；遇到困难，只知道背出一大串专业知识的，是书袋子。

知识用好了，是一个人的长处，知识用不好，就成为一个人的短处。

不会休息，反而把自己休息坏了

在老家，冬天一般烧煤炉取暖，煤炉取暖一般要用烟囱，烟囱常用的时候，一般不会坏，但放在那里不用，很容易就烂了。人也如此，如果长期无事可做，人就废了。

公司放假，一帮年轻人在宿舍里，直到昼夜颠倒、面无人色。无事可做是对精神的最大打击。而从无事可做，到主动去做事，则是要在精神上实践证明。

所以，我们需要找一份称心的工作，在工作中需要有自己的原则。自己喜欢，则不会难受，因为有自己的原则，不会怀疑它的价值。很多人认为工作是为别人干的，只有钱才是自己的，所以，更多的人是得过且过，而在工作中，最怕的就是这样的小聪明。小聪明让自己省力，却让自己永远是工作的奴隶。而原则的缺失，让自己缺乏衡量对错的标杆。原则是一个人坚持的最佳理由，也是精神最后的庇护所，它能让人在全世界人都反对的时候，义无反顾地坚持，让自己在即便一无所有的时候，也能乐观自信。

并不是所有的人都能很好地自我管理，人天生的懒惰和怯懦，足以让所谓的自我管理流于形式，所以，要发展，需要找一个适度的外在的强制机制。

堕落往往是变本加厉的。工作的时间久了，有时渴望放一次长假。长假之前，自己对假期中的每一天都做出精心的安排。如果这些安排能落实，自然假期会很充实，很精彩。但假期开始之后，第一天还可以，主要是还没有从工作时的生活规律中调整过来，所以能保持勤奋自律，第二天就不行了，总有一种声音在让自己放任一下、懒惰一下，第三天，懒惰就成了习惯了。如此，整个假期计划的执行程度就可想而知了。

人善于自我放任，而不善于自我管理。所以，一个人一旦无事可做的时候，往往会更快地堕落，而不是自我提升。虽然，很多人曾经无数次地设想：一旦有时间的话，可以做很多的事情，就有机会实现自我的提升和完善了，比如，可以练练字，可以读读书，可以锻炼一下身体……一旦有时间了，才会发现，时间倒是有的是，但没心情、没毅力。

在忙时无法做到的事情，在闲时也很难实现。因为闲时如果能实现的话，需要有很强的自制力，而如果真有如此强的自制力的话，在忙时抽时间就做了。

没有更好的事情可做，这就是闲暇最大的麻烦。更多的时候，闲暇提供给人的，是向下堕落的空间，而不是向上提升的机会。

第十二章

学会与人相处，是职场永恒的话题

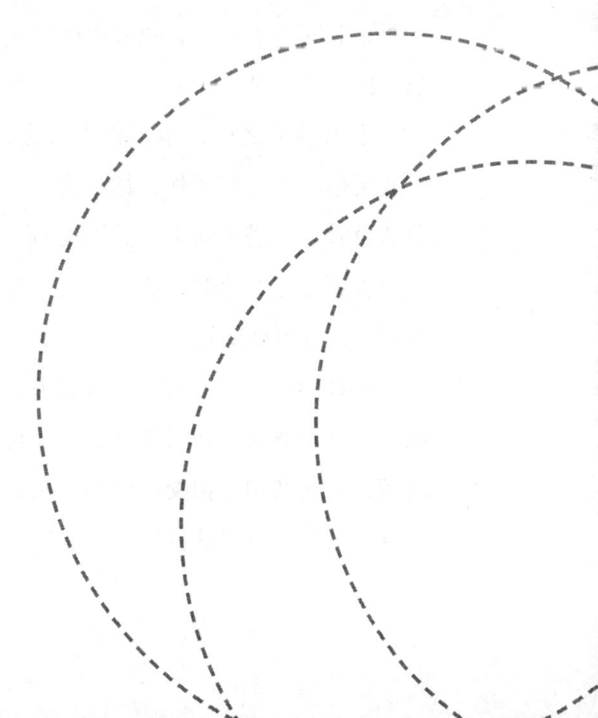

朋友之间的买卖最难做

感情是不能交易的，能交易的就不能算作感情。友情不能被打包进生意，因为生意要求一切都要量化，只有量化才能交换，而感情本身不能量化，本质上也是不能被客观地衡量。

跟一个朋友谈一笔业务，刚开始谈，朋友就提出一个条件，先把我的收益确定下来。我说，朋友之间，不必了。但朋友不让："我现在是跟你谈业务，不是谈感情。"

他说得很对，如果感情、业务分不清，业务谈不成是小事，恐怕朋友都没得做了。

有两个人是同学，其中一个同学要买辆车，另一个同学正好卖车，买车的照顾老同学生意，去找卖车的同学，而卖车的那位，自然给出了一系列优惠，但具体优惠了多少，却没有说明。

事情过了之后，本该皆大欢喜，但事情却并非如此。买车的那位想："我买你的车，照顾你，你欠我一个人情。"卖车的那位想："这辆车我一分钱没赚，还搭上功夫，赔了笑脸，你应该欠我一个人情。"这样，双方都没有收到对方的感激，心里都有个疙瘩，再往后自然得出一个结论，对方不够朋友，双方就疏远了。

在社会上，经常有人以各行各业都有自己的朋友而自矜。也有些人喜欢跟朋友做生意的，或者先交朋友，再做生意的。平时也会遇到一些人，一见之后，无比亲切，但交往时间不长，十有八九是向自己推销产品的。每当遇到这种情况，最好的办法就是直接走开。

交友与商谈是两件不同的事情，自然有两套不同的原则，用做生意的思维与规则来交朋友，那不是交朋友，而是欺骗；用交朋友的思维来做生意，最终对方不会领你的人情，甚至你们还可能会不欢而散。

其实，交朋友跟做交易，这两者非常容易混乱。两者都是交，虽然重点不一样，但“交朋友”这个词汇非常容易让人在实际交往中掺杂进交易的思维。俗话说人情债难偿，因为所有的情都是独一无二的，别人对自己付出了情，你不可能用同样的情去偿还，又由于情不能量化，所以此情与彼情之间，也找不到一个等价物来交换。情一旦欠了，就永远欠了。欠情的一方，如果有意偿还，却无从下手，不偿还，就是忘恩负义。

因为交往过程，容易掺杂进交易的思维，所以朋友之间，一旦时间长了，就容易产生误会，甚至为一些小事而反目。如果两个朋友合伙做生意，更容易产生纠葛。两个人在友情基础上的合作，往往过分强调自己的付出，而忽视别人用心的程度。所以，合伙的生意非常难做。合伙要求两个人大度，不计较个人的得失，但生意本身却又要求双方都要算计自己的所得。把这两种相互矛盾的规则处理得很好，并不是一般人所能做到的。夫妻都经常为相互之间的得到与付出不等而心理失衡，甚至闹到离婚的地步，合伙做生意的难度也就可见一斑了。

再好的朋友，也要分清彼此

做人不可以锱铢必较，但也不必太大方。在人与人的关系上，除了配偶、父母之外，与其他人的关系，最理想的状况是可亲可疏。可惜的是，人情由远到近相对容易，但在和平的情况下，由近到远却有点难。常常是这样一种情况：两个人逐渐由不认识到认识，由认识到最后成了好朋友，但一夜之间，关系突然恶化，甚至反目，直至成了不共戴天的敌人。

曾经听过一个故事，有一对朋友，关系非常好。死后，两个人化成了一只连体鸟。一个国王看到了，很想把他们分开，一个大臣自告奋勇，接受了这个任务。一天，大臣趁他们分别看向不同地方的时候，在一只鸟耳边嘀咕了几句。另一只鸟发现了，问他大臣说了什么。这只鸟如实回答：“什么也没说。”过了几天，大臣以同样的方法，在另一只鸟耳边也嘀咕了几句，当他的伙伴问时，得到的当然也是同样的答案。大臣不断地用同样的方法，持续在两只鸟耳边嘀咕，而两只鸟逐渐地开始不信任，到最后发生了激烈的争吵，然后彼此一挣，身体就分开了，当然也死亡了。

关系越近，在不经意之间造成的伤害就越大。任何人都有缺点，没有任何的关系能刀枪不入。形容两个人关系好，经常用好得“不分彼此”来形容，但“不分彼此”自然很好，但也很危险。既然有彼有此，却不分彼此，起码这是利用朋友关系对个人利益的捆绑，这自然就给朋友关系埋下了炸弹。

轻易地把彼此捆绑在一起，一旦无法分清彼此的时候，就会产生纠缠不清的争论，而争论到一定程度，自然就导致彼此的分离。两个人合的时候好合，但分的时候就难分了。就像黄豆与黑豆，倒在一块简单，但再要分开就难了。

有两个人关系非常好，真正到了不分彼此的程度，但忽然有一天，两个人却发生了激烈的争吵，从此一发不可收拾。每个人心目中都有一笔账，但都拿出来摆在台面上之后，却发现两个人的账本根本不一样。比如，一个人说“你拿了我家一桶油”，另一个人就说“那是你送给我的，这样说的话，我还整天给你接送孩子呢”。这样一算，双方都是受害者。

为了避免彼此之间的伤害，就要在交往中保持彼此账目的清晰。黄豆和黑豆可以放在一起，但一定要保证，黄豆就是黄豆，黑豆就是黑豆。

“君子之交淡如水，小人之交甘若醴。”对于甘若醴的小人之交，《蜗居》中宋思明对此有精辟的论述：“关系这个东西啊，你就得常动。越动呢就越牵扯不清，越牵扯不清，就烂在锅里。要总是能分得清你我他，生分了，每一次，你都得花时间去摆平。要的就是经常欠，欠多了也就不愁了，他替你办一件是办，办十件还是办啊。等办到最后，他一见到你头就疼，那你就赢了，要风得风，要雨得雨。”

可见，一旦两个人的关系纠缠不清了，是一件非常头疼的事情。

关系可以相信，但不要迷信

中国是一个关系社会，关系是生产力，而且是第一生产力。

自古以来，中国人就注意关系的培养，热衷于拜把子、认干爹干妈、认老乡、攀亲附贵、结师承关系等等。一部三国就把这些说得很明白。刘备靠拜把子起家；曹操是标准的官二代，而曹操本姓夏侯，因为给一个姓曹的太监做了儿子，所以改姓曹；吕布被称为“三姓家奴”，就是因为其接连拜了两个干爹而起家，当然，这两个干爹都被做掉了。

有一个农村大学生，交了个富二代女朋友，想要结婚，老丈人提出，结婚可以，但要倒插门，被这个学生断然拒绝。传到村里，结果让同村的人扼腕叹息：“如果能攀附上这样一门亲事，能省掉多少年的奋斗啊！老祖宗又算得了什么？”

关系在中国社会有点被神话的意味，一登龙门，身价百倍并不是夸大其词。当今很多毛头小子闯了祸，不都公然叫嚣“我爸是某某”或者“我叔是某某”，而不说“我自己是某某”。以至于酒桌上，如果谈起自己认识某个大人物，都觉得腰板硬许多。

但关系真的那么神吗？至于关系是否那么灵，追问一下自己攀附关系的用意就明确了。十个关系中，有九个都是建立在赤裸裸的利益上，很少是真正为了感情。既然是为了利益结成的关系，利益当然就是前提了，对关系的投资，当然是为了求得关系的回报。没有免费的午餐，暂时地不交费，必定意味着以后会被索取更加丰厚的回报，如果没有回报，谁都不会提供免费的午餐。

一起吃饭，不免会谈到谁有什么样的关系，充满着对关系的迷信。其实大可不必，关系谁都有，关键看含金量。很多人，请客的时候，坐中不空，一旦遇到什么事，却门可罗雀。

一只羊跟牛、驴、猪、狗是好朋友，一次，羊在山坡上吃草，一只狼咬住了它，羊大声呼救，牛、驴、猪听到之后不仅没有上前帮助，却偷偷溜走了，只有狗奋力向前，咬住狼的脖子，救下了羊。受了伤的羊在家养伤，朋友都来了。牛说："我当时不知道，如果让我遇上的话，我用角把它挑了。"驴说："如果让我遇上，一下踢死它。"猪说："我一头把它拱下山去，摔死他。"这时唯独不见狗。

不要相信朋友的承诺，也不要相信所谓的那些关系。始终要明白的一点是：所有的关系是为了更好地交易，而不是无偿地帮助。

与其会处理矛盾，不如会保持距离

与该走得近的没走近，就失人；与该离远点的人没远离，结果必然是反目，同样失人。

其实，很久之前孔子就曾经对这种距离的把握头疼过："唯女子与小人为难养也，近之则不孙，远之则怨。"

人与人之间的距离把握确实是个难题，这种距离拿捏准了，圣人都会佩服。自己在社会上，总是要学会与别人相处，学会与人相处，是一门很重要的学问。

经常见一些平时不错的同事或朋友，忽然之间吵得不可开交，其实大可不必。很多时候，有矛盾，是因为距离太近，远到一定程度，自然就没有矛盾了。当然，有些距离并不是以自己意愿调节的，有些合不来的人，却一定要低头不见抬头见。但合适地把握距离，至少可以减少矛盾。

说到底距离跟关系亲疏的定位有关。比如有人看见你跟一个异性朋友聊得挺欢，可能会暗地里问："你跟他什么关系啊？"这时，你可能会回答："没什么，就是普通朋友。"但在这里面，就有彼此关系定位跟实际亲疏远近不符的问题：首先，别人提问是觉得两人离得太近；其次，自己的回答是对这种关系的定位，而这种定位自然就确定了亲疏；再次，现实情况的表现自然超出了这种定位。

每种关系定位都有合适的距离保证，这种距离又是彼此之间的安全距离。年轻人容易率性而为，并且习惯了在学校里没心没肺地天真，与人相处时极易奉献出自己的一番真情，食同桌、睡同床，好像不如此，不过瘾一样。彼此近距离地相处，也极易生出摩擦和矛盾。很多当年恨不能同生共死的同学，要么渐渐地走远了，要么就是最后因为某件微不足道的小事不欢而散。

人与人之间的距离决定容忍的程度。有些经常吵架的夫妻，如果追究起来到底是为什么吵架，他们有时甚至说不出吵架的原因，因为那些引起争吵的，大多是一些鸡毛蒜皮，甚至连鸡毛蒜皮都算不上。但如同眼里揉不讲沙子，夫妻之间因为距离太近，也就有了太多的不能容忍。

公司当中的同事关系，是一种可调节的关系，毕竟不如夫妻、亲戚一样预先设定了距离，然后再处理关系。保持距离是同事之间正确处理关系的最重要的一点。

曾经见一个年轻人，跟其老板不管在任何场合都称兄道弟，还自以为自己跟老板走得近，关系好。走得近了，关系好的时候，会好上加好，可一旦有什么风吹草动，走得远的，安然无恙，走得近的，则必然先受其害。当然，这个年轻人不久便被开除了。当然，受损失的也不只是这个年轻人，老板也因为自己没有把握好距离，而失去了一个好员工。

很多处理不好的同事关系，也是因为不善于调节彼此之间的距离。平时关系走得太近，偶尔远了，就会无端生出很多猜疑。而走得远了，偶尔亲近一下，却会凭添很多好感。

在职场上，与其会处理矛盾，不如会保持距离。

帮忙也要会帮

《庄子·逍遥游》中说：“庖人虽不治庖，尸祝不越樽俎而代之矣。”意思是，厨师不办酒席，祭祀官也绝不能越位去代替他。庄子对这种做法当然是相当反对的，但有人可能不解：难道帮一下别人，避免产生混乱还不可以？

在一个团队中，代替别人做事，的确不可以。当然，越俎代庖是指扔下自己的本职工作，而去帮助别人。即便一个人没有扔下自己的工作，而是在干好自己本职工作的基础上，再去帮助别人，这样也是不行的。

团队当中总有这样的老好人，不管是不是自己分内的事情，只要看到什么活，都自己做了。按照有些人的逻辑，这种人积极肯干，应该表扬才对，其实不然。就像越俎代庖的例子，厨师不办酒席，主祭替他办了，这就会产生这样几个后果：第一，主祭自己的业务没法保证做好，当然，厨师的水准也不一定高，但这样导致了祭祀团队整体水平的下降；第二，也是最重要的，主祭不是我们平时所说的关键时刻的“救火队员”，他的行为会混淆视听。如果这个团队当中没有厨师，那一定要雇用一个，如果有厨师，那主祭的行为就是为对方无原则地担责，比如这个厨师不办酒席，是因为他贪玩，他去找别人下棋去了，而主祭主动顶上，厨师一看，这下好了，那就继续下棋吧。

帮忙，是在别人忙不过来的时候帮别人做，而不是替别人做。在公司当中，每个人都有自己的职责，每个职责都对应一定的赏罚机制。不履行职责，就要受到惩罚，这样才能做到人尽其责。有人不履行职责，却有人代替他履行，不履行职责的人没有受到惩罚，自然会继续不履行。西汉宣帝时期,丞相丙吉在一次外出中，遇有人斗殴，其中一人横尸路边。丙吉却不闻不问，驱车而过。恰又遇到一老农赶牛，牛步履蹒跚，气喘吁吁时，丙吉马上停车，让人询问缘由。随从不解：丙吉何以如此轻人重畜？丙吉说："行人斗殴，有京兆尹等地方官处理即可。而现在是春天，牛因为天太热而喘息，那今天的天气就不太正常，农事会受到影响，势必影响到老百姓的生活。"

一个团队当中，有市场总监和运营总监，有一段时间，运营部不是很忙，市场部的培训等一些事务，运营总监主动负责了，后来，运营部忙了，这部分工作运营总监就不做了，而市场总监以为运营总监一直在做着，也不便过问，时间一长，问题就大了。市场自然没做好，运营同样也不会做好。

在团队当中，自然需要合作，但合作最重要的是做好分内的事，履行自己的职责，然后有限度地帮助别人。合作并不是每个人都要包办一切。必须要清楚，合作的前提是分工，而分工的前提则是权责清晰。

觉得自己出于一片好心去帮助别人，不一定能把事情办好。帮助不当，还可能害人害己害大家。

有制度的地方，不要乱讲人情

"盗亦有道"，从这个意义上讲，职场也该讲义气。但这个义气如果仅仅是所谓的"江湖义气"，职场却是要拒绝义气的。很简单，义气会破坏制度与规则。

其实，大到国家，小到企业，一直会存在义气与规则的争论。在论语中，孔子曾经有过两段看似矛盾的话。孔子否定了那种好好先生，说：“乡愿，德之贼也。”也就是说，那种不分是非的老好人，是道德的破坏者。也许，明哲保身的做法是，多一事不如少一事，是很多人的想法，但放弃责任，不讲原则，首先是不道德的，同时也不是真正的义气。讲原则也不是说要摒弃人情。人与人的交往应该是有人情味的，但两者之间要调节到恰到好处确实有难度。春秋时期，孔子带领弟子们周游列国，在叶邑停留时，叶公府中的一只羊跑进孔子的住地，被弟子曾点烧了吃。曾点的儿子曾参把这事报告给孔子，孔子知道曾参处于忠孝两难的地步，于是答应同叶公说，孔子感慨：“父为子隐，子为父隐，直在其中矣。”

一家公司，有制度，同时更有人情。如果只讲人情，制度自然就成了空文。只讲制度，自然就会“凉了弟兄们的心”。

在公司当中，制度与人情二者的冲突不是偶然的，而是经常性的。但只要分清了公私关系，要做到既讲义气，同时又不失原则也不难。如果公私不分，拿公司的原则讲义气，那就是搞小团体。

其实，原则与义气的本质不同，适用于不同的场合与层次，在这个问题上的错误在于把两者杂糅为一体，或者把他们用错了场合。情是要讲的，面子是要给的。如果一点情面不讲，刻薄寡恩，不仅不利于团结，也不利于工作开展。原则是职场上讲的，交情是在私底下谈的。如果在职场上谈交情，那就没有必要规定制度。既然要坚持制度，就不能讲交情。如果因为照顾兄弟情义，而在制度上放对方一马，无疑亲自给制度开了一个漏洞。制度的严谨性遵循的是木桶理论，其效力由最薄弱的环节决定，只要有一个漏洞，就会使制度变为一纸空文。

彭越年轻时当过强盗，而强盗都是很讲义气的。秦末农民起义，乡亲推举他当首领。约定第二天中午集合，但第二天，很多人迟到，彭越说：“约定好了时间而有很多人迟到，不能都杀头，只杀最后来的一个人。”众人觉得小题大做，但彭越真的把那人抓过来杀了。于是号令众人，莫敢不从，最终被封王。制度不是闹着玩的，闹着玩就别定制度。

如果作为制度的执行者，团队中最要好的兄弟犯了错，在公共场合，该怎么处理就怎么处理，对错误的迁就是对其他人的不公，不能为了维护一个兄弟的利益而危害其他人的利益。当然，有的人会想，处理了这个人，私下我请他吃饭，作为补偿。其实这又错了，既不能把私下的情义带到职场，当然也不能把职场的恩怨带到私下。

不徇私，也不要废私

《史记·商鞅列传》记载："令既具，未布，恐民之不信，已乃立三丈之木于国都市南门，募民有能徙置北门者予十金。民怪之，莫敢徙。复曰：'能徙者予五十金。'有一人徙之，辄予五十金，以明不欺。"这就是历史上"立木取信"的来历。而立木取信也揭开了商鞅变法的序幕。

《史记》记载："行之十年，秦民大说，道不拾遗，山无盗贼，家给人足。民勇于公战，怯于私斗，乡邑大治。""居五年，秦人富强，天子致胙于孝公，诸侯毕贺。"商鞅在秦国的变法取得了巨大的成功。

但商鞅为人却是"刻薄寡恩"，这就为他自己的失败埋下了伏笔。首先，在上层人士当中，商鞅缺乏支持。本来，改革就是对既得利益者的损害，而商鞅也没有在上层当中寻求除秦孝公之外的其他人的支持，却把他们推向了对立面。太子犯法，"太子，君嗣也，不可施刑，刑其傅公子虔，黥其师公孙贾"。商鞅的做法如果从执法者的角度来说，无可厚非，但从管理的角度来讲，是存在巨大风险的，作为制度的执行者，需要有大量的支持者，商鞅很明确是把大量的实权者推向了自己的对立面。《史记》记载："商君相秦十年，宗室贵戚多怨望者。"严格执行制度并不等于可以放弃策略，商鞅在策略方面显然是存在巨大缺陷的。

商鞅的失策不仅在于其得罪了秦国的既得利益者，还在于其用欺诈手段对付自己的朋友。在与魏国的交战中，他以欺诈的手段诱捕昔日朋友魏公子卯。或许，我们可以说，商鞅因公废私值得表扬，但废私并不等于无情，也不等于不择手段。商鞅很明显是为了讨老板的欢心，既得罪了领导，又失去了朋友。这两点已经决定了其在秦国身败名裂的必然。最后，商鞅以莫须有的罪名被车裂。

商鞅在维护制度和法律方面的严谨自然没得说，但他的败笔在于用制度的严苛，否定了人性的温情。商鞅的例子在职场上非常具有借鉴意义，我们经常见一些靠着领导的宠爱“飞扬跋扈”，拿着鸡毛当令箭的人，在获得领导支持的同时，几乎得罪了所有其他同事。当然，他们的所作所为可能是从公司的角度出发，是为了维护公司的利益，但这种“刻薄寡恩”无疑让自己处于一个危险的境地。

因公废私并不是明智之举，公与私在一定程度上是对立的，但从另一个侧面来讲，两者又是统一的。因为私可以促进公，或者说，公的实现必须有私的支持。在公司中，任何一项改革，或者一项措施，总会维护一部分人的利益，同时会损害另一部分人的利益。而改革是否成功，并不在于其制度和理念是否是正确的。员工最关心的是自己的利益，而不是事情本身的对错。而一件事情是否成功，正确固然是必要的，同时还要看能调动多少人的力量执行下去。理论需要掌握群众，制度需要掌握员工。单纯老板或领导的尚方宝剑并不一定好用，关键还在于让支持者的力量超过反对者的力量。

在职场当中，得到老板或领导的首肯很重要，但如果为了他们的首肯，就轻易得罪其他同事，就不明智了，如果由于过于生硬地执行，把本来属于支持者的人群，推到反对者的行列中去，那自然是为失败埋下了伏笔。

做到既不徇私，也不废私，并非完全不可能。所谓身正不怕影子斜，只要行得正，坐得端，公私分明，公事公办，私事私办，在执行中晓之以理、动之以情，不要在同事之间“拉仇恨”，自然就能在职场游刃有余了。

沟通困难是因为不坦诚

我们经常会说，人与人之间缺乏理解。而缺乏理解，主要的原因就是缺乏相互的沟通。

在职场上，如果沟通不畅，就会在彼此之间形成隔阂和偏见。在职场上，这样的隔阂与偏见比比皆是。而在职场上，一个不会沟通的人，能力越强，越容易被人误解。

沟通是一种行为，但就一种行为来讲，说出一句话，或者做出一件事，并不是很难，难就难在沟通的行为通常被阻拦在一定的心理负担外。之所以会在职场当中，存在这样或那样的隔阂，并不是因为人们没有作为，而是因为沟通的双方难以敞开心扉、坦诚相对。

比如中国人性格含蓄，如果让你回家跟父母说句“我爱你”，则是一件非常困难的事情。沟通的困难就在于此。并不是没有和解与沟通的意向，而是长期形成的心理和行为习惯，让自己无法说出这句话，做出这件事。

消除这种心理障碍，是实现有效沟通的前提。

在职场中常见到一些误会造成的隔阂。比如，自己是一个业务员，业务做得非常好，而整个部门业务做得并不是很好，于是上级领导经常批评自己的顶头上司，而不时地找自己谈话，鼓励自己。本来，这是一件很正常的事情。但随着这种事情的增多，部门当中的人开始怀疑自己给领导打小报告，只要有人受了批评，自己就成了被怀疑的对象。当然大家表面上不说，但明显地把自己隔离在团队之外。

面对这种情况，首先要坚持自己的做法，因为这时任何的示弱与抱歉的表示，都会让人确定了自己的怀疑。另外，还要找合适的机会，跟大家沟通。

这种情况下产生的隔阂，已经形成了彼此之间心里的疙瘩。

在职场中，情绪上对立的双方也需要紧急沟通。比如，两个人产生误会了，不管在情绪还是在姿态上都采取了一种背对背的形式，互相不说话，互相给脸色。另一种，搁置了争议，对曾经的问题避而不谈，但这件事情却在彼此心中形成了一个疙瘩，以至于在很多时候两个人面和心不和。

要想在这些事情上沟通，还是需要必要的心理前提，这个心理前提就是彼此的坦诚。所谓的坦诚，就是彼此不带情绪，不带主观臆测，彼此把事实解释清楚。

沟通的困难实际是因为坦诚的稀缺。职场中的尔虞我诈，本来就造成了人与人之间的不信任，而更重要的是，多数人已经忘记了坦诚为何物。在这样一种情况下，要想沟通，自然是非常困难的了。

有实力的人不争执

年轻人喜欢意气用事，因此，在工作上，争执是避免不了的。

首先，我们在这里把争执做一下界定：这里的争执不是指正常地表达自己的意见看法，不是心平气和地讨论，而是那种隐隐有了敌我之分的争吵。

争执不是讨论，讨论又可以称作理论，也就是相互摆出道理，靠讲道理来达成共识，而争执则不同，争执，其实就是各执一方，让别人服从自己，而不是用道理来达成共识。

因此，争执首先把自己置于一个无法回身的地方。因为与别人争执的时候，预设了一个不容置疑的前提，也就是自己是正确的，讨论预设的前提则是自己可能是错误的。既然预设了自己是正确的，争论的目的，是为了证明自己正确，所有试图证明自己错误的思想和行为统统在被抨击之列。一旦自己被置于争执之中，自己就很难回身了。因为回身就意味着自己错误，就意味着自己承认了失败。即便在争论过程中，自己发现了自己的错误，也只能将错误进行到底。争执的坚持后面是自我的面子，一旦在争执中后退或者失败，直接关系到的是自己的面子。

争论、争辩，在多数时候，其实就是争执。有所执，所以才争，而争，也就是不论正确与错误，都要证明自己的所执为正确。

即便是相对温和的争论，在职场中也不可取。首先，争论双方往往各执一词、互不相让，双方的目的不是如何达到事实，而是如何维护自己的正确，因此，大多数争论是与事实无关的，争论也无法改变事实。

其次，争论很容易在职场中引起对立。争论一旦开始，争论的双方就立马分为阵线分明的对立方，无法挽回地把别人置于自己的对立面。

最后，争论无法避免非此即彼的片面立场。争论的双方，各执一词，貌似都有道理、都正确，其实双方的观点必然都有片面性。由于无法在协商讨论的基础上形成一致，最后只能采取一方的观点。被认可的一方，表面上取得了胜利，却在片面的道路上继续走下去；而错误的一方，自然因为观点没有被采纳而愤愤不平。

其实，只要留意一下，职场中那些真正说话有分量，一语定乾坤的人，几乎是不与别人争论的。只有放弃争论，才能从自我的片面中走出来，博采众长，一语中的。

有追求的人很少寂寞

相对于成年人来讲，年轻人没有家庭的负担，生活的自由和处境的类似，使他们非常容易找到朋友，朋友们在一块，也很容找到共同的喜好，所以，年轻人大都不寂寞，而不寂寞的结果是，一个没有经受过多少寂寞的人，会更不能忍受寂寞。

寂寞是自己面对自己，不寂寞当然就是有别人可以面对，即便没有人面对，也有事可以面对。

人之所以不想面对寂寞，是因为不寂寞的时候，总会有东西牵着自己走，自己不用思考，不用费力，时间就被打发了。而寂寞的时候，则必须自己学会打发时间。想把时间打发走，也不是一件容易的事情，因为没有人或者事帮自己打发掉时间，所以就只能寂寞。

寂寞的人，不一定孤独，一个人在人群之中，照样会寂寞。寂寞是因为没有自己感兴趣的东西，让自己专注其中。寂寞是自我缺少依附，所以孤独的人容易寂寞，但孤独却不一定就会寂寞，因为孤独指的是没有人与自己相处，而寂寞则主要指无事可做。

分析完寂寞之后，寂寞对于职场当中的人，尤其对于职场新人的作用也就不言而喻了。

职场首先是孤独的。职场当中没有真正的朋友，表面上，一帮人是为了志同道合的理想走到一起的，但彼此之间的竞争关系决定了这些人不可能离得太近，职场上同事之间的貌合神离，决定了几乎每个人都相对孤独。这孤独给有些人带来寂寞，但给另一些人带来了发展的空间。

寂寞对有些人来讲，是无聊，但对有些人来讲，则是难得的资源。

如果处理不好寂寞，工作就会变得很尴尬。总有这样的年轻人，在公司的时候，被动地工作，由于工作如此地被动，所以总想尽快完成工作，完成了工作，就有自己的自由时间了。但完成了工作之后呢？空间出来了，寂寞也就来了，寂寞的副产品是无聊，无聊是一个分水岭，有的人在无聊之后，被迫去寻找有意义的东西，而有些人，则选择了堕落。

于是，上班如同做苦役，下班之后，要么无家可归，要么有家不想回。回与不回，都是寂寞。要逃离寂寞，一种方式就是寻找感官的刺激。现代社会为人们逃离寂寞准备了完备的条件：酒店、KTV、网吧……在每个地方都会有办法通过感官的刺激，让自己忘了今夕何夕，放弃掉对自己的思索，没有思索了，自然就不再寂寞。

寂寞可以使人堕落，也可以使人创造出不同的一番天地。让寂寞产生创造性的后果，就是要能找到属于自己的爱好，让它时刻与自己相伴。读书、写字、健身……一切能帮助自我积累、自我发展，而不是除了提供感官刺激之外，什么都留不下的东西，都是属于自己的建设性的东西。如果说得直白一点，年轻人就是要有追求。

每个人都会有追求，但不是每个人随时随地都能坚持自己的追求，所以，人会时不时地寂寞。而寂寞也是一种提醒，提醒人不要忘记自己的追求。

有追求的人，很少会寂寞。

第十三章

职场有职场的法则

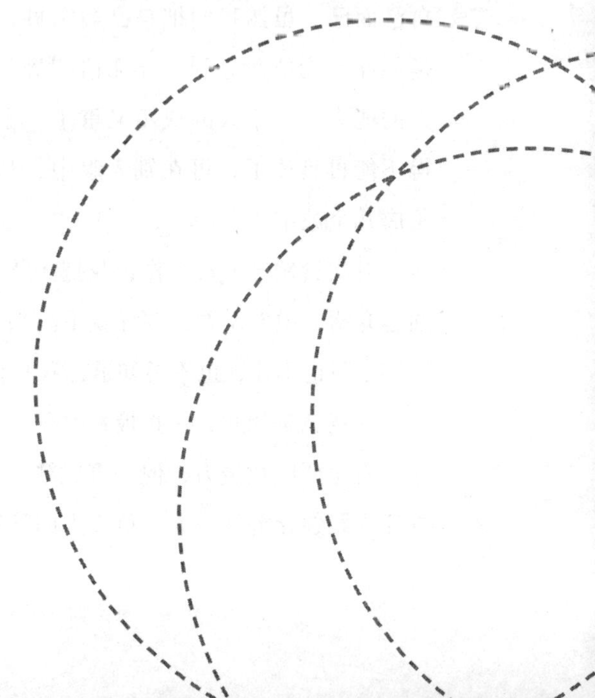

别把自己不当回事，也别把自己太当回事

两个人在一起，彼此不能不在乎对方的个性，但如果十个人在一起，每个人的个性就会逐渐让位给共性。残忍地说，职场上，作为团队的一员，你可能并没有你自己想象得那么重要、那么特别，大家也许并不够了解你，或者说，没有更多深层次了解你的欲望。

这里举个可能不太恰当的例子。

大街上，看见别人牵着一条狗，你最多会在乎这只狗是只京巴还是哈士奇，即便主人像抱着宝贝一样给你介绍狗的名字、狗的个性、狗的趣事，你最多表面上出于礼貌地给予回应，过后，你还是会只知道那是一条狗。

人与狗当然不一样，但真正在乎自己的，同样只有亲人、好友，还有自己而已。虽然我们把自己当宝贝，别人却不一定拿我们当回事。社会就是如此的无情和势利。在无情和势利的社会中，一个人的表现要重于一个人的能力，一个人的成绩又重于一个人的表现。虽然我们觉得自己是具体得不能再具体了，可在别人眼中，却还是抽象得不能再抽象，直到最后抽象成几个数字。

有次给领导汇报工作，我把团队当中的几个表现比较突出的同事不厌其烦地介绍，说着说着，领导就不高兴了，直接对我说："不要给我介绍这么详细，我记不住，也不想知道，我只认识数字，让他们用数字说话。"

职场就是如此，一直板着面孔，只认冷冰冰的数字。

有个团队很努力，但一直成绩不是很好，领导对此很不解，于是我让负责任人跟领导解释一下。负责人回答很干脆："还是等有确切数据再说吧，没有确切数据，没法解释。”

在职场上，最让人敏感的是数字。任何人也都不能否认，只有数字最有说服力，其他的一切是用来解释数字的。个性只有自己关起门来细细玩味，不要等着有人会听自己解释各种原因，听自己解释各种创意，不是每个人都有机会在别人面前露脸，大多数时候，在别人那里，自己只是一个数字而已。

要想适应这个残酷的社会和职场，就要对自己残酷点。公司不是慈善机构，要求的是利润，利润就是以数字来衡量的。

在职场上，有时不认数字是不行的。有个运营团队效率不高，当然要进行改革，而改革就要对人进行处理，当改革措施出来之后，这个团队的管理者却犯难了：改革整体方针没有错误，但落实到具体个人的时候，这些措施就显得太没人情味了，当他去做工作的时候，大多数人拒不执行，很简单，每个人都有现实的难处，每个人都有落后的无穷的理由。一个团队的规则，要照顾到每个人的个性，但不是顺遂每个人的个性，如果自然顺遂每个人的个性，那就无所谓团队。当团队执行的时候，眼中不能有个别，只能有一般；没有原因，只有结果。如果忍受不了这样的残酷，就请离开；如果不能执行这样的管理，就请辞职。

别把自己不当回事，也别把自己太当回事，不论在职场还是在社会，不要拿个性当本事，请拿成绩来赢得肯定和关注。

机会是争来的，不是别人送来的

一位画家，在社会上声誉很高，各大报纸都刊登过对他的报道，做公益、做慈善，很多名人都与之合影，为他题字。

但后来，一个朋友跟我说："别听他忽悠，他就是一个大骗子而已。他其实就是打着慈善和公益的幌子，骗得名人的信任，然后提高自己的身价，获取各种利益。他的行为，早就为圈内人所不齿。"

这让我想起了街头的行乞者，他们用各种各样的手段，把自己打扮成弱者、无辜者，然后最大限度地获取别人的同情。但面对的即便就是那些同情他的人，一旦损害到他的利益的时候，他立马又掀掉弱者的伪装，锱铢必较地维护自己的利益。

那个画家曾经给我看过他一条受伤的胳膊，这条胳膊据他讲是在一次公益活动中骨折的。关于他的报道当中也多次提到过这件事情，这就更加符合他的乞讨者的身份。

虽然我对这个画家的行为也并非赞同，但是他身上那种主动寻找机会、博得关注的态度，我倒是觉得对职场的年轻人有一定的指导意义。

"要学会表功"，这是很久以前一个前辈告诫我的话。做出成绩，要让人知道，虽然没有必要把成绩夸大，但职场是不提倡做好事不留名的，职场也不会表彰无名英雄。当然，让别人注意自己的成绩也是一种艺术，赤裸裸地表功，不仅会让人生厌，还会引起别人的排挤。表功是一种手段，表功的目的是让别人知道你的不同寻常。

不管是作为团队的领导者，还是普通员工，默默无闻并不是一个好品质。

有个红衬衫的故事：一个人在建筑公司上找了一份工作，在上班之前，他先去市场上买了一件红衬衫，一天老板到工地转悠，其他人都穿着白衬衫，唯有他穿着一件红衬衫，自然也就对他印象深刻。一次，老板有个任务要找个工人去做，但叫不出某一个工人的名字，于是就对身边的人说："去，把那个穿红衬衫的工人找过来。"这个工人后来的发展就很顺利了，从工头、经理……一直到拥有了自己的公司。

在职场中，我们要做出成绩，要优秀，更重要的，要让人知道自己的成绩，知道自己很优秀。每个人可能都想让领导知道自己的成绩，但要做得不显山露水，做得自然而不做作，就要看每个人的功夫了。或许，我们不齿于职场内的小人，总是把所有的成绩往自己身上揽，踩着别人肩膀往上爬，但正是由于所谓的君子不善于表露自己的成绩，才给了小人可乘之机。当自己在内心指责那些小人时，为什么不反思一下自己的"过于低调"呢？要想出人头地，先打造几个让别人心动的亮点。

谦虚并不是在成绩面前闪躲，很多人并不是不愿让别人知道自己的成绩，只不过面子薄，想让别人主动发现自己的成绩，然后在别人的表扬中扭捏一番。但职场如战场，没有人会给自己扭捏的空间和机会。

机会是自己争来的，而不是别人送来的。等别人来送，可能还没到自己手里的时候，半路就被人劫走了。

启发别人对自己美好的想象

假期跟朋友聊天，不免就聊起了往事。既然是往事，难免有遗忘错漏，聊得多了，就有了这样一个发现：彼此之间确实记住了很多事情，记住了很多人，但在把人跟事情对号入座时，却往往张冠李戴。人与事对错号是难免的，但这种对错号却有一种有趣的现象——习惯于先对一个人定性，善恶智愚，再同样地对事情定性分类，然后顺理成章地把事情“算到”有同样属性类别的人身上。

其中的有些安错的事情，当事人还在场，但经不住大家众口一词的主观裁断，于是，大家共同“抹杀”了最有说话权的当事人陈述的事实。最后，连当事人也缄默了。去年形成错误的结论，今年再回忆时，却成了事实。

主观上承认一个事实是方便的，客观上证明一个事实是困难的，而这主观的推断又那么舒服地切合人的惯有思维，所以，大多数人也就顺水推舟地接受了。

而我们所相信的言之凿凿的历史，又何尝不是由若干这样的顺水推舟形成的？历史上的忠奸善恶，又有多少不是应了这样的顺水推舟？

我们无法走进历史的背面，也永远无法还原历史的真相，甚至乐于在以讹传讹中推波助澜。对人对事，我们能够掌握的，只能是一些片段，而我们需要的，则是一个整体。需要和现实之间的残缺部分，就用自己的想象去补齐。所以，我们所以为的人或者事，大部分只是一些想象。当然，根据个人的好恶或者外界的引导，这种想象自然是被有意无意地美化或者丑化了。

员工在看领导时，一般以仰视的姿态去看，并且，对领导不是真正地了解，而是通过自己的情感或理想去塑造。所以，领导的形象一般都不是真实的，要么寄托了自己太多的理想而被塑造成高大全的完人，要么因为自己对公司的失望，而被看作是狗屁不通的傻瓜。

其实，即便再杰出的领导也是凡人，也有七情六欲，会做出成绩，同样也会犯错。

对领导不要抱太多不切实际的希望。领导不是神仙，会犯错，并且，也不能保证解决所有的困难。虽然，人总是不自觉地迷信，以给自己一个不切实际的幻想，以让自己有一个或许有的未来，但工作不是求仙拜佛，领导也不会给你奇迹。

一个员工，渴望自己的领导的杰出能给自己带来神迹，所以就无意当中神话了领导。而领导对员工也自然有无限的期望。一个员工自然也可以利用领导的这种心理，给领导一个完美的形象。

想象可以往好的方向走，当然，也会走向不好的方向。员工重要的是要给领导一个好的想象方向。

当然，一切的美化都要以现实为基础，不要作假，更不要欺骗。否则，谎言被戳穿的一天，必然面临脱毛的凤凰不如鸡的尴尬。

摆谱，是对实力最好的包装

一次，跟一个朋友去谈一笔生意，因为怕迟到，我们比预定时间早到了半个小时，朋友提议我们在楼下等，直到离预定时间还有5分钟，才乘电梯上楼。我对此不解，朋友告诉我，我们两个人一块过来，已经体现了我们的诚意和对合作的重视，如果再提前那么长时间过来，无疑就暴露了我们对这单业务的急切，所以，我们要适当摆一摆谱。

摆谱是包装，是提醒别人不要对自己不重视。

在日常的商业交往中，要学会适当地摆谱。要在虚虚实实中让别人疑惑、好奇，进而猜测。摆谱不是欺骗，是把鲜亮的部分露给别人，把不好的隐藏起来，并通过制造适当的声势，壮大别人对自己的想象。

不光在公司外部的商业交往中，要适当地摆谱，在公司内部，也要适当地摆谱。

假设这样一个场景：A和B是同事，一天A有事，让B代他接孩子。B虽然知道其中的麻烦，但还是痛快地答应了。有了第一次就有第二次，以后，只要A有事，就让B替她接孩子。B碍于情面，有时甚至放下自己的私事不管，去帮A接孩子，但这件事情造成的不便，一直没有告诉A。而其他同事见到后，有时候也让B顺便接他们的孩子，于是，B就成了专职替人接孩子的了，没有人认为他这是额外的付出。

B的错误在于他不会摆谱。在公司当中，如果不会摆谱，很容易就会让一些分外的工作，被当成了自己职责之内的“应当”。一旦被当作应当之后，就没有人会对这个人的付出做出公正的评价。

相反，有些人则很会摆谱，即便是分内的工作，在交代他做的时候，他也会把一件非常简单的工作形容得让你觉得很复杂，并且让你相信除了他之外，没有人能胜任这项工作。但这样做的效果也很明显，他所做的每一项工作别人都会听在耳里，看在眼里，虽然未必记在心里。

一个人做了多少工作，是要靠别人评价的，要想别人对自己的工作有较高的评价，当然要学会摆摆谱。一个在公司被忽视的人是很失败的，而要得到别人的重视、尊重，甚至就是简单的对你存在的注意，摆谱都是必不可少的。

摆谱是一种心理上的暗战。人与人之间的交往有时是平等的，而很多时候也是不平等的。一方要获得另一方的资源，或者要借用对方的权力，这个时候，就有点“求”的意味了。这时，摆谱，自然就能立刻提升自己在别人心中的威信。就像在某些综艺比赛节目上，观察员或评委在给参赛人员“YES”的时候，总是要欲说还休，摆上一段时间的谱，让参赛选手在紧张和忐忑中冒一会儿汗，也只有这样才好玩，印象才深刻，对得到的这个结果才更珍惜。

不能有骄气，但不能无杀气

曾经跟一个年轻同事一块做业务。他年轻，能跑，所以，很快就积累了大量意向客户，我的意向客户与他比较起来则少之又少。每到月终的时候，我总能谈成一两单，而他的客户却总是还在考虑当中。有时，好不容易有客户要合作了，临到签单的时候又反悔了。

当时我们都不知道问题所在，情急之下，他拉上我，一起去找这些客户，没想到，我去之后，也没怎么费力，就把合同签了。

通过跟他一块见客户，我也明白了客户迟迟不愿跟他签约的原因。不管在业务介绍的详细精准还是在合作的真诚上，他都没有问题。最大的问题在于他对自己的不自信。任何一个客户都不会跟自己不信任的人合作，而一个不自信的人，自然不会让别人信任。不自信让他在关键的问题上，表现得不够坚定，缺乏临门一脚的勇气和力度，缺乏一锤定音的霸气。

不管是谁，真正拿出钱来让别人去做一件事，前提要对这个人完全信任。就做业务来讲，大多数业务员都能把自己的产品优点背给自己的客户，但从不同的人嘴里背出来，效果是截然不同的。如果一个人不自信，尽管他说道理很明白，得到的回答也基本是："容我再考虑一下。"自己都不相信的人，别人更不会相信。当然，单纯的自信还不会让对方相信，试想，一个稚气未脱的业务员，即便自信、善谈，也不会让人放心的。所以，最关键的在于霸气。

谈判，不仅是语言以及实力的交流，更是气势的较量。气势上不行，谈判就成了一场无意义的辩论。谈判的目的并不是在语言逻辑上压倒对方，让对方无话可说，而是要让对方真的拿出钱来。

只有镇得住场子，才能把对方盖住。街上小混混打架，无非就是冲上前去，乱打一气，而真正的大哥却是很少出手的，大哥并不一定是单挑的时候多么厉害的人，而是一出场，就自然能把对方镇住的人。不战而屈人之兵，这才是真正的霸气。职场需要的就是这种霸气，就是一出场就能镇得住，一开口别人就会倾耳听，霸气是因内在气质而导致的外在的震慑人的气场。

霸气，是要有实力作为后盾，但比实力更重要的是气场。如果纯粹比拼实力，那叫霸道，而不是霸气。鸿门宴上，刘邦屡遭挤兑，谋士张良偷偷出来找樊哙解围，樊哙带剑拥盾，直闯军帐，经过一番义正词严的霸气表述，以一人之力替刘邦解了围。这就是传说中的霸气。

霸气不是一个人在职场的技术性环节，而是一个人修养的结果。霸气不是装出来的，是内在实力的外在流露。在职场上，要想镇得住场子，就要不断培养自己的实力，这样才能在关键时刻流露出自己的霸气。

赞美是需要，更是必要

谁都需要赞美，谁也都喜欢赞美，所以，会赞美别人的人，自然就会更让别人喜欢。

一个小姑娘，能力很强，但总不那么听话。之前也无数次地批评，但她总是变本加厉。她做出一点成绩来，总要留下几根刺卡在那里，不上不下，让你不舒服。后来，我改变了办法，每次交流的时候，我都非常诚恳地肯定她的能力，肯定她的成绩，而这时，还没等我指出她的缺点，她自己反而不好意思地自我剖析、自我批评，一副以后一定会改的样子。而以后，她自然也就真的改了。

赞美是最好的敲门砖，赞美也是最好的疗伤药。很多初入职场的人，却总是吝啬自己的赞美。觉得赞美别人的长处，显得太假，为了表现自己的真诚和正直，总是喜欢挑别人的毛病，而赞美的话却总说不出口。

是的，批评别人，有利于让别人进步，但赞美别人，却非常有利于让自己进步。

很多刚入职场的年轻人，总有点清高孤傲，总抱怨自己工作努力却得不到领导的肯定，自己为人正直却被同事指责排挤。其实他们不知道，自己处于这些不堪境遇最根本的原因在于自己不会赞美别人。

赞美也是一种技术，有些人的赞美说出来，总像是在拍马屁，有些人的赞美说出来，像是在挖苦别人，而有些人的赞美，则恰到好处，刚好挠到人的痒处，让人心花怒放。

赞美，不能是对事实的歪曲，也不要肆意扩大，更不要目的性太强。

赞美，可以是适当地注意，只是把本心的感觉说出来，就完全可以达到赞美的目的。赞美甚至是一个眼神、一个动作。

一个女同事穿了一件漂亮的新衣服，你不必一定迎上前去，拉起对方的衣服来，故作羡慕状，如果你是一个男士，只需要一个欣赏的眼神，如果你是一个女士，只需要请教一下对方在哪里买的衣服。

一个同事，做出了成绩，你不必一定替他在领导面前美言，也不必一定表示五体投地的崇拜，只需在交流讨论的时候，说出自己对对方成绩的肯定，就足以让对方在沾沾自喜中对你的好感度直线上升。

赞美是一种肯定，而肯定有很多种形式。

赞美也完全不必低声下气，不必拍马逢迎，只是改变自己的心态，让自己谦虚一点，对别人多注意一点。

别让资源被遗忘

每个人在公司里工作，想要的结果自然是升职加薪。

想要，并不一定就能得到，而最终能得偿所愿的，毕竟是少数。

曾经有一个同事，工作非常出色，尤其是在公司关系也处理得非常好，自己非常钦佩他的能力，也不止一次表示对他能力的羡慕。但他总是淡淡地说："其实没什么，只不过我在别人不注意的地方更加努力罢了。"偶然的机会，我去了一趟他的宿舍，在他宿舍里，我发现正对他床头的地方，贴着一张纸，上面密密麻麻地写着公司的一些同事的名字，还有一些客户和公司的名字。我不解，问他这是什么意思。他说："每个人都是资源，这些人都是我的资源，我把它贴在床头，每天睡觉之前和起床之后，都要看一遍，仔细想一遍，以便记住这些人可以在哪些地方帮我，而我有困难的时候，该去找哪些人。"

我惊讶于他的细心和努力，也为自己深感惭愧。

有人说，只要认识周围的六个人，就可以通过他们认识到全世界的人。在职场上，我们经常见一些人，通过你认识了某个朋友，几天之后，他们两个已经熟络到绕开你，直接找对方办事了。利用好自己周围的资源，看似是一种能力，其实是一种努力。

很多人把自己的不得志，归之于自己没有人脉。是的，没有过硬的人脉资源，是自己郁郁不得志的直接原因，但更深层次的原因，恐怕就是自己不努力了。人脉有天生的，但也可以后天搭建。

其实，人脉只是资源的一种，每个人都有每个人的优势，这些优势，就是自己最可贵的资源。当然，每个人也都有自己的弱势和缺点，而一旦弥补上自己的弱势，改掉自己的缺点，也一样能让自己的资源升级。

道理很简单，但越简单的道理越难实现。要想充分发挥自己的优势，而改掉自己的缺点，首先要正视自己，研究自己，也正是这点，是很多职场当中的人容易忽视的。人两眼向外，最容易忽视的，反而是与自己关系最密切的自己。于是，在职场中，往往是在看别人怎样运用资源，然后回过头来，只能自叹不如。

资源只有利用起来才能发挥作用，而利用的前提是挖掘和发现。就如同在采矿之前，先要进行漫长的钻探过程，先要掌握资源的分布和储量，然后再研究如何利用。自己的资源也是一样，先要好好探查，好好分析，好好发现。

每个人都有无数的资源，没有被利用，不是不存在，而是被遗忘了。

真正让自己进步更快的，是自己的对手

找工作的时候，比较看重的，可能是工作环境是否轻松，人际关系是否融洽，是否能轻易交到朋友，竞争是否激烈。而一到职场当中，更是立马把与自己合得来的人发展为朋友，而与自己竞争激烈的人，则欲先除之而后快。

其实，职场当中，找到自己的朋友固然重要，但更重要的是要找到自己的对手。

找到自己的朋友，是为了在必要的时候给自己一个支持，而找到自己的对手，则是为了更好地给自己动力，给自己学习的机会。

在自然界，如果一个物种没有天敌，那么它只能自己消灭自己，而且会比自己的大敌把自己消灭得更彻底。在职场上，如果一个人没有竞争对手，最终的结果也会是自己把自己彻底打败。

一个练习长跑的人在夺得冠军之后，记者采访他为什么能取得如此好的成绩，他说："每次我训练的时候，我都幻想我身后跟着一只狼。"练过跑步的人都知道，在跑步的时候，自己跑与跟一个与自己实力差不多的人跑，结果很不一样。因为竞争的存在，自己跑得会比一个人时跑得更快。

所以，一个人在职场上，有没有找到对手，能否正确地对待自己的对手，比能否找到朋友具有更不寻常的意义。当然，找到自己的对手，并不是说要与人为敌，要努力挖对方的墙角。就如同跟自己一同跑步的，是自己的朋友，但也是自己的对手。这里的对手，既指真正的与自己有敌对关系的人，也指具有一般竞争关系的友好的合作者。

能否找到自己的对手，首先反应了一个人能否在职场上给自己准确定位。找到合适的对手，有时比找到合适的朋友要困难。比自己强大许多的人，自己不是对手，这不是自己的选择，比自己弱小很多的人，也不是自己的对手，只有那些与自己能力相当，有竞争关系的人，才是自己真正的对手。

在职场上，没有谁比自己的对手更适合做自己的镜子了，一个人在职场上如果不能确立自己的对手，就无法真正认清自己。而这样一来的结果，就是会在一种沾沾自喜中迷失，就是会在不切实际的自信中固步自封。

没有比研究自己的对手更能帮助准确定位自己的了。而研究对手，看对手怎么做，用对方的长处来弥补自己的短处，这样，既节省了自己试错的时间，又能使自己变得更加强大。认真研究自己的对手，从对手身上学习，是让自己在职场当中尽快成熟的方法。只有自己的对手，才是自己最佳的学习对象。

一个没有对手的人，注定像剑魔孤独求败一样悲哀。但在现实的职场当中，很少有人能达到这种高度，但不愿意确定自己的对手，不愿意向自己的对手学习，要么是因为刚刚有了点成绩，让自己能孤芳自赏，所以不大愿意面对现实的残酷；要么是因为太懒，不愿意直面竞争。而这两种情况导致的直接结果就是在职场中进步缓慢。

职场当中要有自己的对手，要尊重自己的对手，要向自己的对手学习。

朋友给自己支持，但只有对手才真正让自己进步。